長信一 著

成美堂出版

64個を覚えられる

「手がかり再生」ストーリー暗記法

見開きポスター

パターンA

パターンB

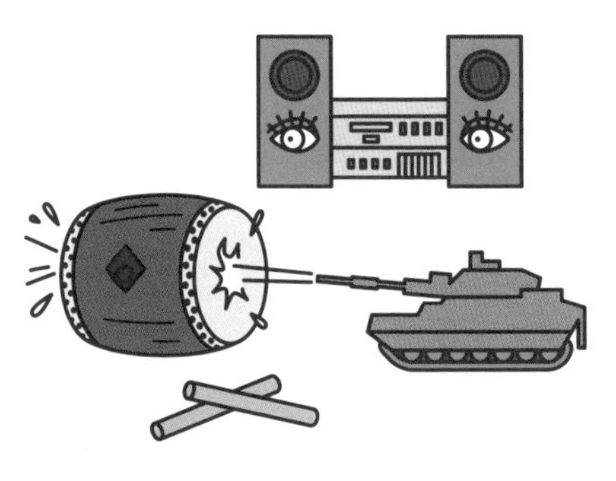

（キリトリ線）

パターンC

パターンD

手がかり再生パターンA～Dのイラストの覚え方です。P62～69もあわせてお読みください。この「ストーリーイラスト」をみて4つのイラストを思い出せるようにしてね。

コピーするか切り取って暗記にお使いください。P62～P68のほうをコピーして暗記に使うのもよいです。

はじめに

この本を手に取られたということは、認知機能検査の通知が手元に届き、受検をしなくてはならない方でしょう。もしくは、まもなく75歳になるので早めに準備をしておきたいという方でしょう。

認知機能検査は、高齢運転者の運転能力のうちの認知機能をみる検査で、運転免許証の更新期間が満了する日の年齢が75歳以上の方が免許の更新をする前に受けなければならないものです。

現在行われている検査は、**16個のイラストを見て覚え、後でヒントなしとヒントありでイラストの名前を答える「手がかり再生」**と、**検査を受ける日の年月日、曜日、時間を答える「時間の見当識（けんとうしき）」**の２つです。

2022年５月12日までは、現在の検査内容に加えて、時計の絵を描いて指定した時間を示す「時計描画」がありましたが、現在はなくなっています。

このうち、どの方も苦戦するのが「手がかり再生」です。イラストの数が多く、回答するときに忘れてしまうのでしょう。ただ、検査に出るイラストは毎回変わるわけではなく、事前に公表されている４パターンから出題されます（→32ページ）。実際に検査を受けられた方の話を聞きますと、検査に出るイラストを事前に覚えることで合格の可能性をあげられたようです。

では、どうすればイラストを覚えられるのか。**本書には、その対策がのっています。**

本書では暗記のコツとして

●ストーリー暗記法（→62ページ）

●ゴロ合わせ暗記法（→63ページ）

このふたつを用意しました。

とくに「ストーリー暗記法」は、４つのイラストを１枚にまとめて覚えてしまうというもので、イメージしやすいと思います。

どのパターンのイラストが出されるのかは、検査当日はじまってみないとわかりませんが、パターンＡ～Ｄのイラストをすべて覚えてしまえばこわいものはありません。

本書を最大限に活用していただき、すべての方が認知機能検査に合格していただきたいと願っております。

自動車運転免許研究所　長　信一

もくじ

※本書の情報は、原則として 2024（令和 6）年 1月 31 日現在のものです。

▶ 免許更新時の検査の流れ（一例）◀

運転免許証の更新期間が満了する日の年齢が70歳以上の方が免許の更新を受ける場合の流れです。 ※検査を受ける順番は、予約状況によって一律ではありません。

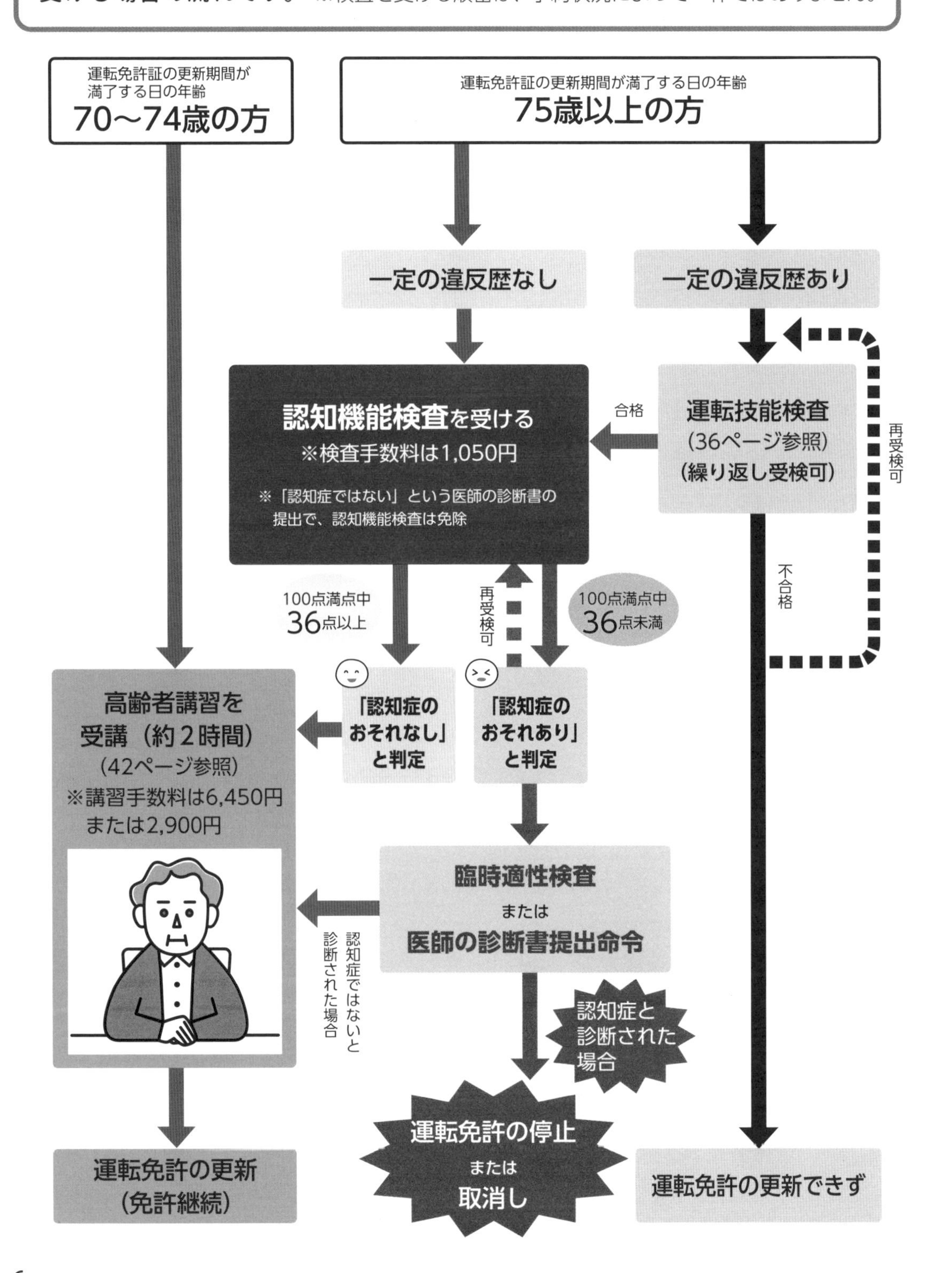

免許証の更新手続き

運転免許証の更新期間が満了する日の年齢が 75 歳以上の方が免許証を更新するときは、事前に**認知機能検査**と**高齢者講習**を受けなければなりません。更新手続きのときに「**認知機能検査結果通知書**」と「**高齢者講習終了証明書**」を持参し、「**運転技能検査**」を受けた人は「**運転技能検査受検結果証明書**」も必要です。
更新できる期間は、免許証の有効期間が満了する直前の誕生日の前後各 1 か月の計 2 か月間となります。誕生日の 40 日ほど前（都道府県によって異なる）に「**更新のお知らせ**」のはがきが郵送されますので、内容を確認してください。

▶ 運転免許証の更新手続きの流れと持参するもの

1 「認知機能検査」と「高齢者講習」のはがきが届く

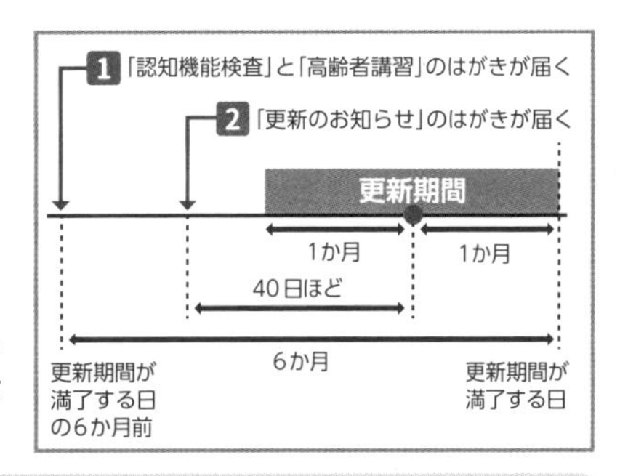

2 「更新のお知らせ」のはがきが届く

※1のはがきをもらった時点で認知機能検査を受けられる。ただし、更新期間が終わるまでに合格しなければならない。

3 更新期間に運転免許試験場などに行く

●更新期間

免許証の有効期間が満了する直前の誕生日の前後各 1 か月の計 2 か月

更新期間
1 か月前　誕生日　1 か月後

●更新する場所

各都道府県の運転免許試験場（運転免許センター）や指定警察署など

●持参するもの

1 「更新のお知らせ」のはがき
2 運転免許証
3 更新手数料（2,500円）
4 認知機能検査結果通知書・高齢者講習終了証明書
5 運転技能検査※受検結果証明書（該当者のみ）

※ P36参照

4 更新手続きをする（更新された免許証を受け取る）

ココが知りたい！ 認知機能検査のQ&A

認知機能検査のテストを受けるとなると、誰もが緊張してしまうものです。「もし不合格になったら？」「認知症と判断されたら？」「免許証は取り上げられる？」…など、不安は尽きないでしょう。このような不安や疑問にお答えします。この内容は、おもに警察庁が公式に発表しているものなのでご安心ください。

認知機能検査の内容について

Q1 「認知機能検査」とはどんな検査ですか？

A 免許を更新するときの年齢が75歳上の方が免許更新時に受けるものです。**「手がかり再生」**（見せられたイラストを覚えて答える問題）と**「時間の見当識」**（検査当日の年月日と曜日、時間を答える問題）の２種類の検査があり、100点満点中36点以上で合格です。 ➡P.32〜35参照

Q2 前に検査を受けたときは時計を描く課題がありましたが、なくなったのですか？

A 法改正があり、2022年５月13日からの検査では「時計描画」はなくなりました。法改正で変わったことは、おもに次のような点です。

- 従来行われていた**「時計描画」がなくなり、検査の順番が変わりました。**
- 検査の判定結果が、３段階から「**認知症のおそれあり**」と「**認知症のおそれなし**」の２つになりました。 ➡P26参照
- **検査手数料**が見直しされました。

Q3 「手がかり再生」にはどんなイラストが出るのですか？

A **パターンA〜Dの４種類（下記）から出題**され、これ以外から出されることはありません。本書に全部載っていますので、しっかり対策して慣れておきましょう。イラストを全部覚えておけば合格率は高められます。 ➡P60〜61参照

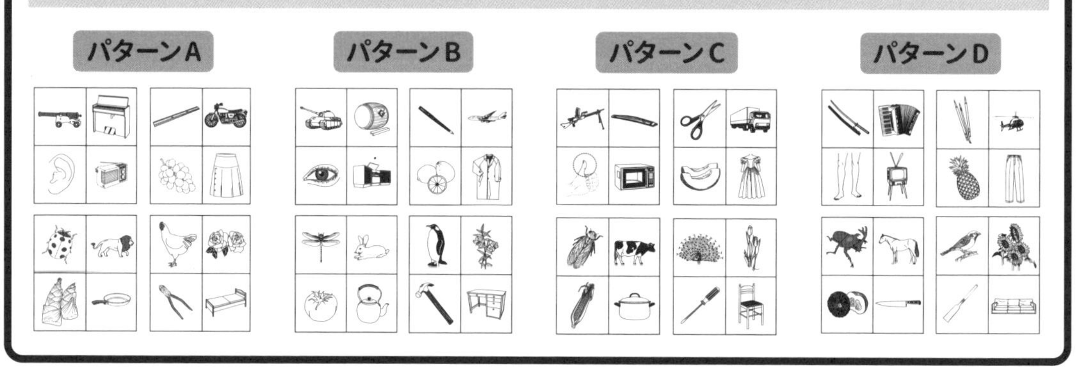

免許証の更新と認知機能検査について

Q4 運転免許証の更新をしたいのですが、認知機能検査を受けなくても更新できますか？

A 認知症に関する**医師の診断書（認知症ではない）を提出**すれば、認知機能検査が免除されます。

Q5 運転免許証を更新したいのですが、ふだん、車を運転することはありません。それでも検査を受けなければならないのですか？

A 免許証の更新期間が満了する日の年齢が75歳以上の方が免許証を更新するためには、**ふだんの運転頻度にかかわらず、認知機能検査を受けなければなりません**。なお、受検義務が免除される場合があります。

Q6 認知機能検査を受けなくてもよい場合があると聞きました。どのような場合に免除されるのですか？

A 次のような方は、**75歳上でも認知機能検査が免除**されます。
免許証の更新期間が満了する日前6か月以内に、
1. 臨時適性検査を受けた方や診断書提出命令を受けて診断書を公安委員会に提出した方
2. 認知症に該当する疑いがないと認められるかどうかに関する医師の診断書等を公安委員会に提出した方

Q7 自分の住所地とは違う都道府県で実施されている認知機能検査を受けることはできますか？

A 認知機能検査を受けられるのは**お住まいの都道府県だけ**です。それ以外では、原則として検査を受けることはできません。

Q8 認知機能検査はいつまでに受ければいいですか？

A
- 免許更新期間満了の日までに合格し、免許更新すれば大丈夫です。ただ、不合格になる場合もあるので注意が必要です。何度でも受け直せますが、再度受検する日が免許更新期間満了を超えてしまうと免許が更新できずに失効になります。
- 予約などもすぐに取れるかわかりません。時間に余裕をもって受検し、免許の更新期間になったときは合格している状態にするのがベストです。案内をもらったら、できるだけ早く受けに行きましょう。

認知機能検査の結果の通知について

Q9 認知機能検査の結果、「認知症のおそれがある」と判定されたのですが、これからも運転してもよいのですか？

A 検査の結果、「認知症のおそれがある」と判定された方であっても、**ただちに運転免許が取り消されるわけではありません**。その後の検査で「認知症ではない」と診断されれば免許更新は可能です。ただし、記憶力・判断力が低下すると、信号無視や一時不停止の違反をしたり進路変更の合図が遅れたりする傾向がみられます。今後の運転について十分注意し、医師やご家族にご相談されることをお勧めします。

Q10 認知機能検査の結果が出たのですが、このあとの流れを教えてください。

A 検査の結果によって、今後の流れは異なります。**検査の結果は2つに分類**されます。**くわしくは6ページ**をご覧ください。

Q11 私の父（母）が認知機能検査を受けたのですが、私にも検査の結果を教えてもらうことができますか？

A 検査の結果は、受検者本人にのみ通知され、**家族の方であっても教えることはできません**。受検者ご本人に確認いただくことになります。

Q12 検査の結果「認知症のおそれなし」と判定され「認知機能検査結果通知書」をもらいました。これだけで免許証は更新できますか？

A これだけでは免許証は更新できません。このほかに、高齢者講習を受講したことを証明する「**高齢者講習終了証明書**」が必要です。また、過去3年以内に一定の違反歴（37ページ参照）がある方（該当者のみ）は、これらに加え、運転技能検査に合格したことを証明する「**運転技能検査受検結果証明書**」が必要になります。

Q13 検査の結果、「認知症のおそれがある」と判定されたのですが、再度受検することはできますか？

A **検査は何回でも受けることができますが**、受けるたびに手数料が必要です。再受検し、「認知症のおそれがない」と判定された場合は、臨時適性検査または診断書提出命令の対象となりません。

Q14 検査の結果、「認知症のおそれがある」と判定されたのですが、私は認知症なのですか？

A 検査は、検査を受けた方の認知症のおそれの有無を簡易な手法で確認するもので、医学的な診断を行うものではありません。検査の結果、「認知症のおそれがある」と判定されても、ただちに認知症であるというわけではありません。認知症であるかどうかについては、医師の診断によりますので、「認知症のおそれがある」と判定されたら、医師やご家族にご相談されることをお勧めします。

運転適性相談について

Q15 認知機能検査の結果、「認知症のおそれあり」とされ、運転することが不安なのですが、どこに相談したらいいのですか？

A 運転に不安がある方などの相談窓口として、**運転免許試験場（運転免許センター）など**で運転適性相談を行っています。

Q16 私の父（母）は認知症です。免許を取消してほしいのですが、どこに相談すればいいですか？

A **運転免許試験場（運転免許センター）の運転適性相談窓口**や、**お近くの警察署**に相談してください。

免許証の返納

Q17 検査を受けずに運転免許証を返納したいのですが、返納の手続きについて教えてください。

A 身体能力の低下を理由として自動車の運転をやめたいという方は、申請により、運転免許の取消しを受けることができます。運転免許の取消しを申請し、その運転免許を取り消された方および運転免許が失効した方は、本人確認書類として利用できる運転経歴証明書の交付を申請することができます（自主返納後または失効後５年以内)。このほか、たとえば、大型免許を保有している方が、大型免許の取消しを申請して、普通免許を残すということもできます。この場合は、運転経歴証明書の交付を受けることはできません。具体的な手続きについては、**この本の127ページで解説**しています。

➡ P127参照

Q18 運転免許証の自主返納によって運転経歴証明書の交付を受けた人が、公共交通機関の運賃の割引等のサービスを受けられる場合があると聞きました。くわしいことはどこに聞けばいいですか？

A **運転免許試験場（運転免許センター）や警察署**にお問い合わせください。

その他

Q19 検査問題は、都道府県によって異なりますか？

A 認知機能検査の問題は全国共通で、どの会場でも同じ問題です。なお、**「手がかり再生」で覚えるイラストは、パターンＡ～Ｄのどれか１パターンが出ます。この本の32ページで説明しています**ので、確認してください。

Q20 認知機能検査には、どうやったら合格できますか？

A 100点満点中、「手がかり再生」の配点が80点、「時間の見当識」の配点が20点です。**「時間の見当識」は比較的やさしい**ので、まず全問正解の20点を目指しましょう。ここで20点取れれば、「手がかり再生」であと16点取れば36点となり、合格できます。たとえば、ヒントなしで４つのイラストの名称を答えられれば20点で合格となります。くわしくは**この本の80ページで解説**していますので確認してください。

Part 1

高齢運転者の交通事故はなぜ起こるのでしょうか

高齢運転者の交通事故にはいくつか特徴があります。
あらかじめ原因を知って対策をすれば
防ぐことができるかも。
詳しく解説していますよ！

本書の案内キャラ
【なぜか言葉を話すネコ】

高齢運転者の交通事故の現状をみてみましょう

75 歳以上の高齢運転者による交通事故は、減少または横ばいで推移しています。とはいえ、下のグラフを見ると、75 歳以上の高齢運転者による死亡事故は 75 歳未満の運転者をかなり上回っています。**加齢に伴う認知機能・判断力の低下**や、視力や反射神経といった**身体的な能力の低下**などが原因の交通事故は多くみられます。

75歳以上の高齢運転者による死亡事故件数の推移

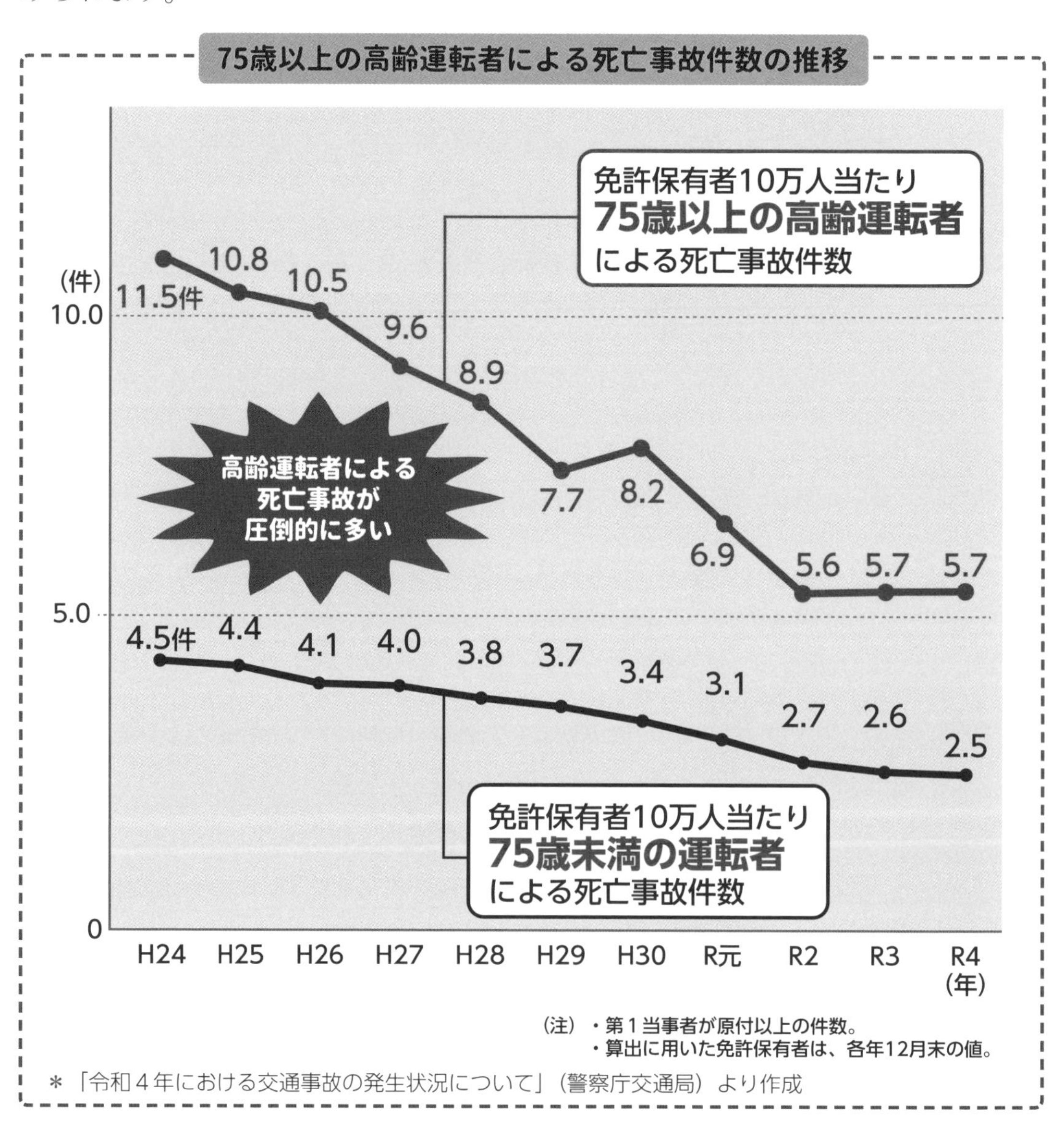

(注) ・第１当事者が原付以上の件数。
・算出に用いた免許保有者は、各年12月末の値。

＊「令和４年における交通事故の発生状況について」(警察庁交通局) より作成

下のグラフは、死亡事故のうち自動車運転者が原因で起こる事故の内訳を表したもので、５つの要因に分類しています。多くは、75歳未満の運転者のほうが上回っていますが、「操作ミス」だけは75歳以上の高齢運転者の数値が２倍以上も多くなっています。運転ミスは操作を誤ったために起きた事故です。高齢運転者の交通事故を減らすためには、**「操作ミスをしない」ことが交通事故減少のキーワード**になります。

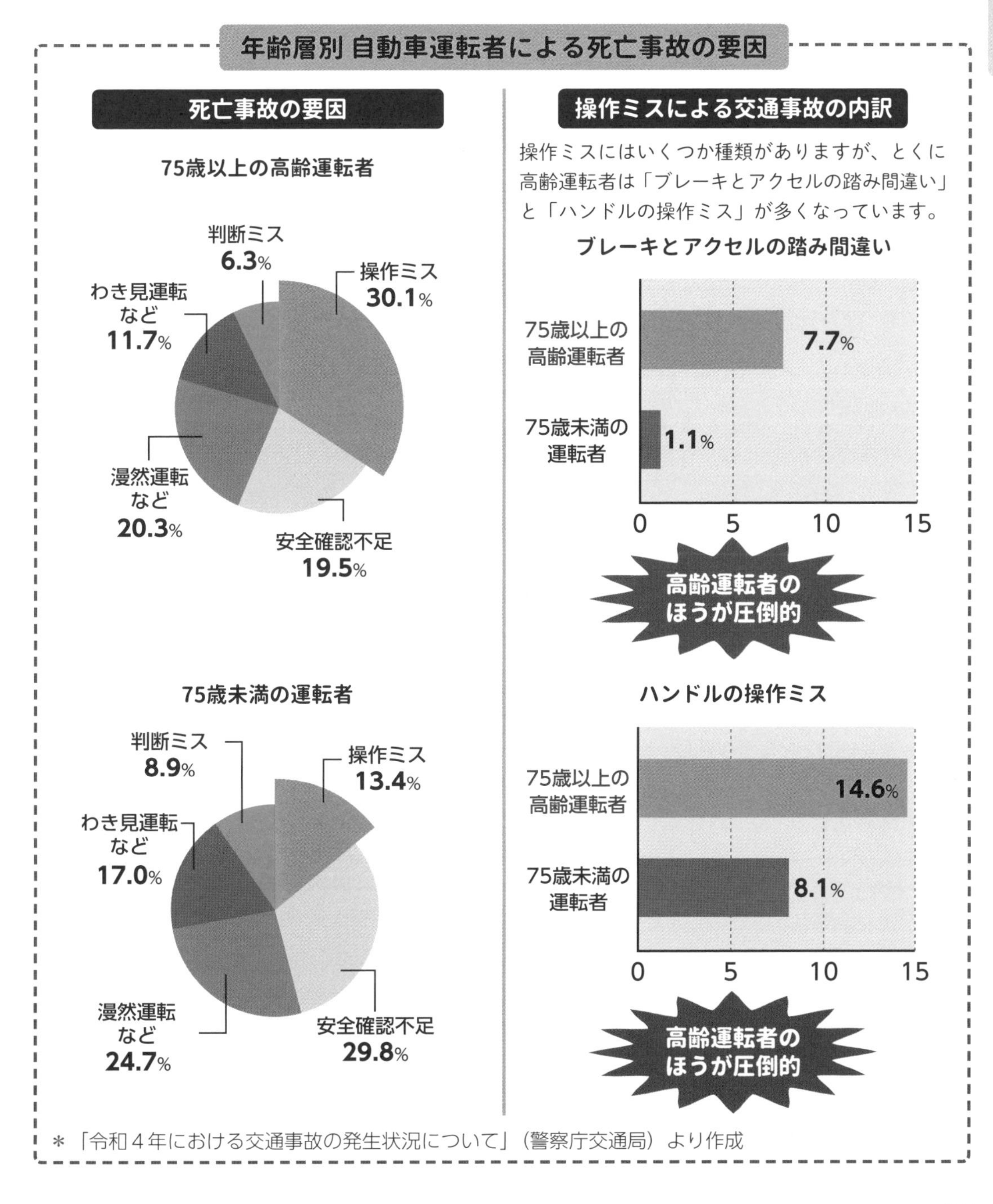

高齢運転者の交通事故原因と対策①

「ブレーキとアクセルの踏み間違い」はなぜ起こる? 知っておきたい原因と対策

原因 なぜブレーキとアクセルを踏み間違うのか

「ブレーキを踏んだつもりでアクセルを踏んでいた」、これが高齢運転者に多くなっています。止まるために踏んだペダルがアクセルであれば、止まるどころか速度が上がって事故につながります。

高齢者が起こしやすい「**ブレーキとアクセルの踏み間違いによる事故**」には、次のような特徴があります。

1 車の異常な暴走によりパニック状態に陥る

運転に集中していないときなど本人はブレーキを踏んでいるつもりになっているので、止まろうとしてさらにアクセルを踏み続けて事故になるのです。

対策①へ

2 店舗や駐車場などでの発生が多い

バックで車を駐車スペースに入れようとするときなど運転姿勢がくずれて、ブレーキを踏んでいるつもりでアクセルを踏んでしまうのです。

対策②へ

3 身体能力の低下によりペダル操作に影響が出る

ペダルの位置を間違えてしまい、異なるペダルを踏んでしまうのです。

対策③へ

対策 こんな対策で事故を防ぐ

① 運転に集中し、ほかのことはなるべくしない

ただちに「操作は正しいか」を再確認してください。
運転中は、考え事をしたり、カーナビを操作するなど運転以外の行動は危険です。気持ちに余裕をもって、運転に集中できる環境を整えましょう。

② ヒヤリとしてもあわてずにおちついて行動する

バックして止まるときは、ブレーキペダルからのズレに注意しましょう。また、駐車場などは死角が多く、突然歩行者や車が出てきてヒヤリとすることがあります。パニック状態にならないためにも、周囲の状況をよく観察して冷静な対応ができるよう心がけましょう。

③ 身体の衰えを自覚して無理はしない

高齢運転者は、身体能力や身体の柔軟性が低下することにより思わぬ操作ミスをすることがあります。自身の運転動作に誤った傾向がないか、ペダルを踏む位置を目で見て確認するなど、正しい運転姿勢を保ちましょう。

高齢運転者の交通事故原因と対策②

「ハンドルの操作ミス」はなぜ起こる？知っておきたい原因と対策

原因 「ハンドルの操作ミスによる事故」の特徴

1 初めて走行する道路での発生が多い

ふだん走行する道路は危険な場所などがあらかじめわかっています。歩行者や自転車が多いとわかっていれば、急ハンドルをする前に速度を落とすでしょう。初めて走る道路でハンドル操作による事故が多いのは、速度超過で急ハンドルになってしまうからです。

対策①へ

2 同乗者がいない場合に多い

同乗者がいれば、速度が出すぎていたり、ハンドル操作が遅れたりすることを注意してくれるでしょう。同乗者がいなく1人で運転するとき、つい速度を出しすぎてハンドルの操作ミスで事故が起こります。

対策②へ

3 速度超過でカーブを曲がりきれない傾向がある

それほど急には見えないカーブでも、その手前で速度を落とさなければ曲がりきれない場合があります。曲がりきれずに道路の外側に飛び出せば、大事故につながる危険な状況です。

対策③へ

対策 こんな対策で事故を防ぐ

① 走行ルートの道路環境をあらかじめ確認する

事故が起こったときの運転の目的を調べるとドライブや観光、帰省などの理由が多く、通勤や買い物など日常と違った環境下での事故が目立ちます。事前に地図やカーナビを見るなどして、目的地の道路環境を調べておきましょう。

② できるだけだれかに同乗してもらう

１人で長距離を運転するのはたいへん危険です。眠気を我慢したり、つい無理をして休憩をとらなかったりなど、疲労が蓄積して安全なハンドル操作ができなくなります。だれかを乗せるか、もしくはそれができないときは休憩を多くとって速度を落とすようにしましょう。

③ 十分減速してからカーブに入る

低速では曲がれても、高速になると曲がりきれずに対向車線にはみ出してしまうケースが多くみられます。もし対向車がいれば、正面衝突する危険があるので、あらかじめ十分減速をしてからカーブに進入しましょう。

高齢運転者の交通事故原因と対策③

「ペダルの操作ミス」はなぜ起こる？知っておきたい原因と対策

原因 「ペダルの操作ミスによる事故」の特徴

「ペダルの操作ミス」はアクセルとブレーキの踏み間違いだけではありません。思わぬときにアクセルを踏んでしまう場合もあります。

1 段差を越えようとアクセルペダルを踏みすぎてしまう

段差がある場所で発進するとき、アクセルペダルを強く踏みすぎてブレーキ操作が遅れてしまうのです。

対策①へ

2 バックのときに足がアクセルペダルに触れてしまう

バックするときの後方確認で、右足のつま先がアクセルペダルに触れてしまうのです。

対策②へ

3 ほかの動作でブレーキペダルがゆるんでしまう

セレクトレバーを切り替えたとき、前進と後退を間違えて違うペダルを踏んでしまうのです。

対策③へ

対策 こんな対策で事故を防ぐ

① いったん下がってから段差を乗り越える

段差にタイヤが当たり強くアクセルを踏まないと発進できない場合があります。このようなときは、いったん下がってから乗り越えるか、乗り越える直前にアクセルを戻し、ただちにブレーキペダルに足を移動するようにしましょう。

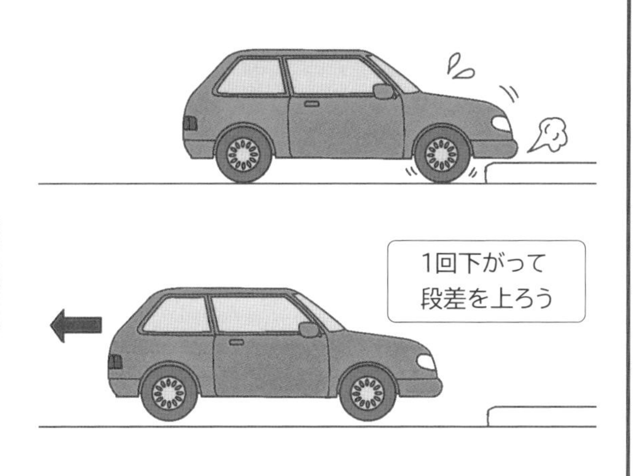

② かかとを支点にしたペダル操作はしない

高齢になると関節の可動範囲が狭くなります。後方を確認する際、首をまわしても十分見切れないため上体や腰やひざまでも回転してしまい、右足がブレーキペダルから外れてしまうことがあります。かかとを支点にした両ペダルの操作はやめ、正しいペダル操作を行いましょう。

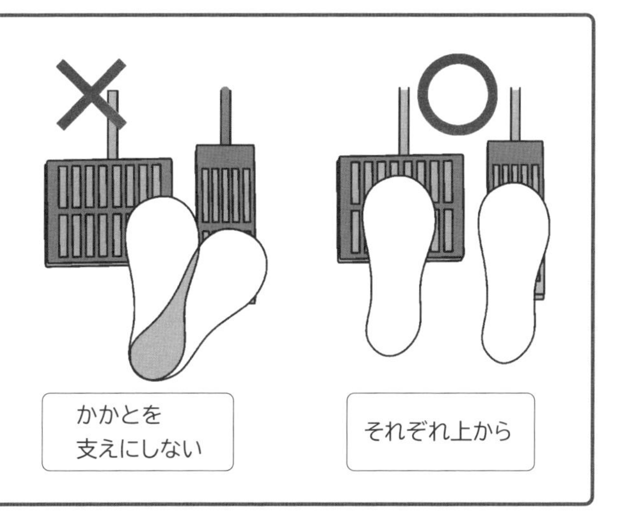

③ 目と耳で確認してからブレーキをゆるめる

まず、ブレーキペダルを確実に踏んだ状態でセレクトレバーを操作します。バックギアに入れるとモニターに「R」マークが点灯して警告音が鳴ります。目と耳で確認してから、徐々にブレーキペダルをゆるめます。わずかな車の動きを見逃さないようにしましょう。

高齢運転者の交通事故原因と対策④

「安全確認不足による事故」はどんなもの？知っておきたい原因と対策

原因 「安全確認不足による事故」の特徴

1 乗り慣れない車、履き慣れない靴での運転は、思い通りの操作がしにくくなります。	**2** 考え事をしながらの運転や疲れているときの運転は、正しい運転操作ができにくくなります。

対策①へ　対策②へ

対策 こんな対策で事故を防ぐ

① レンタカーは実際に運転席で確認する

レンタカーや家族の車に乗るときは、車両や操作の感覚が異なるので注意が必要です。まず外観を見て大きすぎないか、運転席に座って各装置を確認することが大切です。ふだん履き慣れた運動靴など、操作性のよい靴で運転するようにしましょう。

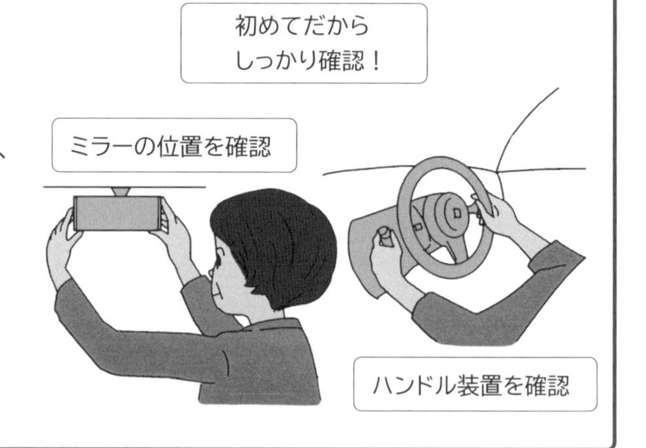

② 運転に集中できるような体調管理を

一瞬の判断や操作ミスが大きな事故につながります。考え事をするなどの漫然運転はもってのほかで、運転に集中しなければなりません。体調を整えて睡眠を十分とり、疲れたら早めに休憩するなどして、つねに運転に集中できる環境を整えましょう。

Part 2

認知機能検査の内容を徹底解説します

認知機能検査を初めて受ける方も多いと思います。
このPartでは検査の内容と免許更新時の流れを
わかりやすく解説します。
あらかじめ知っておくと不安なく検査を受けられますよ！

1分でわかる！

認知機能検査

絵を見て後でその名前を答える「手がかり再生」と、検査当日の年月日、曜日、現在の時間を答える「時間の見当識」の２種類の検査が行われます。

手がかり再生

イラストを見て覚える（４個１セット×４セット=16個）

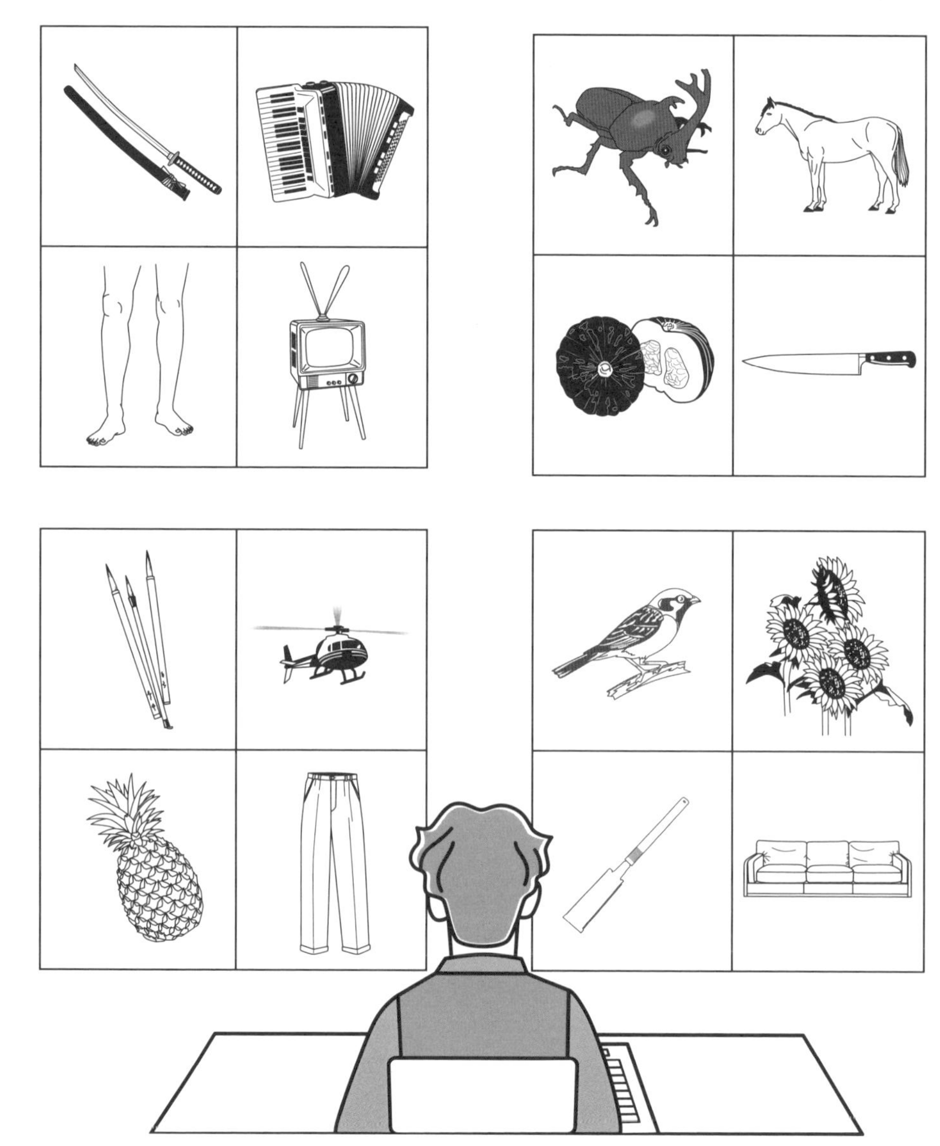

＊イラストを全部見たあとに「介入課題」（指定された数字に斜線を引く問題）があります（採点は行いません）。

検査は「手がかり再生」と「時間の見当識」の２つです。
イラストを見て後でその名前を答えるものですがネコはないですね。
イラストの回答用紙にはヒントありとなしがあります。
もう１つの検査は、検査を受ける年・月・日・曜日、回答するときの時間を答えるものです。
どちらもコツを覚えれば問題ないですよ。

ヒントなし

見た絵を思い出して名前を答える

ヒントあり

ヒントを参考に見た絵を思い出して名前を答える

時間の見当識

検査を受ける年、月、日、曜日、現在の時間を答える

現在と過去の認知機能検査

ココが変わりました！

認知機能検査は2022年５月13日から変わりました。それ以前に受けたことがある方は、現在の検査について知っておく必要があります。

1 検査の内容が変わった！

2022年５月12日以前の検査では、時計の絵を描いて指定された時間を示す「時計描画」という検査がありました。それがなくなり２種類となり、順番も変わりました。

2022年５月12日以前

- 時間の見当識
- 手がかり再生
- 時計描画

この順番

３種類

2022年５月13日以後

- 手がかり再生
- 時間の見当識

この順番

２種類

2 検査の方式が変わった

検査の方式は、問題用紙と回答用紙を配り、問題を読んで回答する方式でした。また、手がかり再生の絵は試験会場の前に示して覚える形でした。この方式は現在でも行われていますが、タブレット端末を使用する形も併用され主流になっています。

2022年５月12日以前

- 問題用紙と回答用紙の紙を使用する方式
- 手がかり再生は前面に絵を示して覚える方式

2022年５月13日以後

従来の方式に下記の方式が加わった

- タブレット端末に問題を示し、端末に表示される回答欄にタッチペンで答えを記入

＊どちらの方式で検査を行うかは会場で異なる

③ 判定区分が変わった

認知機能検査の判定は、2022年5月12日以前では3パターンであったのが、2022年5月13日からは2パターンと簡略化されました。

2022年5月12日以前

- 「認知症のおそれ（第1分類）」
- 「認知機能低下のおそれ（第2分類）」
- 「認知機能低下のおそれなし（第3分類）」

3パターン

→

2022年5月13日以後

- 「認知症のおそれあり」
- 「認知症のおそれなし」

2パターン

④ 「運転技能検査」が新設された

免許更新時の年齢が75歳以上の方で過去3年間に一定の違反歴がある場合は、実際に車を運転して合格しなければ免許の更新ができなくなりました。

2022年5月13日に新設

免許証の有効期限が満了する日の直前の誕生日の160日前の日からさかのぼって3年間に「一定の違反行為」がある方が対象。実際に車を運転して行う

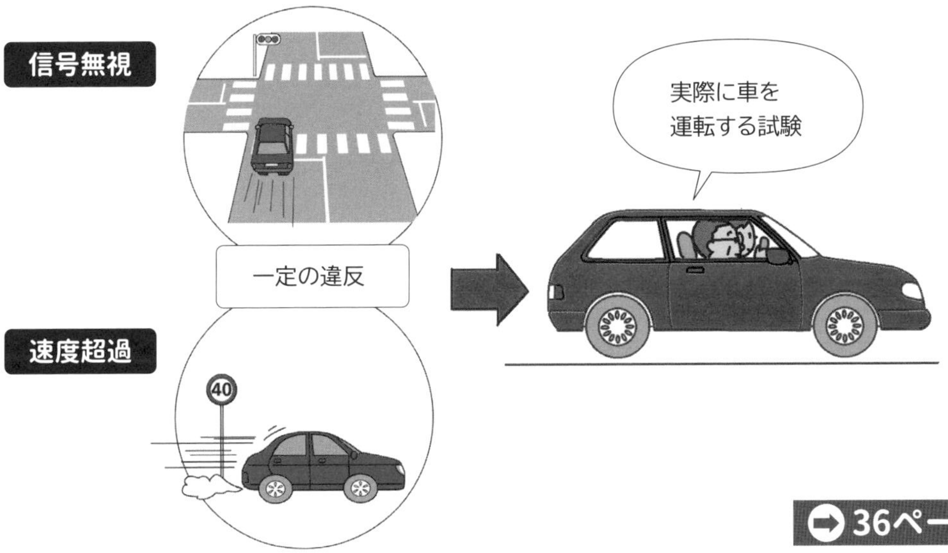

➡36ページ

認知機能検査には「紙方式」と「タブレット方式」があります

2022年５月13日から従来の紙を使う方式にタブレット端末を使う方式がくわわりました。

認知機能検査は、2022年５月12日まで、紙の問題用紙と回答用紙を配って集団で行う方式で行われてきました。この方式では、検査時間が長くなるうえ、採点に時間がかかる点が指摘されていました。そこで、**タブレット端末を使用して採点も自動で行うことができる方式が導入された**のです。

ただし、紙を使う方式がなくなったわけではなく、**都道府県の会場による選択で決まります**。受検者が選べるわけではありません。いずれはどの会場もタブレット端末を使用する方式に移行する予定ですが、現段階では、受検会場の方式を事前に確認して検査に臨むようにしましょう。

検査方式 1 紙を使う方式

従来からある方式です。予約した時間に会場に行き、集団で検査を受けます。検査の説明や指示は検査員が行い、問題用紙と回答用紙が配られます。手がかり再生の絵は前に表示され、後で絵の名前を回答用紙に書き込みます。検査が終わると用紙が回収され、採点が行われます。判定結果が出たら各自に結果が知らされます。

検査方式 2 タブレット端末を使う方式

2022年5月13日から導入された方式です。検査会場の机の上に置かれたタブレット端末、タッチペン、ヘッドフォンを使って検査を行います。問題はタブレット画面に表示され、回答もタッチペンを使って画面に書き込みます。イラスト再生の絵もタブレット画面に表示され、ヘッドフォンから流れる指示に従って検査を進めます。検査員が会場にいますので、質問などがあれば聞くことができます。採点は自動で行われるため、合格点に達した時点で検査は終了となります。この点が大きな特徴です。

▶ タブレット端末を使う方式の検査の流れ ◀

1 検査会場に入る

2 机の上にタブレット端末、タッチペン、ヘッドフォンがあるか確認する

3 検査員の指示に従い機器を操作する

4 検査用紙に名前と生年月日を記入する

5 **手がかり再生** ➡ P.47〜57

6 **時間の見当識** ➡ P.58〜59

基本は「紙の方式」と同じ。音声は検査員がしゃべるのではなく、ヘッドフォンから聞こえてきます。回答は、えんぴつではなくタッチペンで、紙ではなくタブレット端末に書き込む形で行います。

7 検査終了。判定結果を聞く

認知機能検査の内容は？

認知機能検査は、運転能力に関する認知機能を測定するための検査です。内容は、「手がかり再生」「時間の見当識（けんとうしき）」の２つの検査項目があり、このうち「手がかり再生」は、イラストの記憶→介入課題→自由回答→手がかり回答の順に進みます。

手がかり再生

４つの絵が描かれた紙または画面を見て、ヒントを手がかりにして、１分間で覚えます。同じ作業を４回繰り返し、合計 16 の絵を覚えます。その後、別の課題（介入課題）を行ったあと、記憶している絵を、最初はヒントなしに回答し（自由回答）、その後ヒントをもとに回答します（手がかり回答）。

1 イラストの記憶

❶手がかり再生のイラストのパターン（A～Dの４パターン）

手がかり再生のイラストは16 の絵を見て覚えますが、A～Dの４パターンしかありません。４つのパターンのうち、どれか１つのパターンの絵が出題されます。

	ヒント	パターンA	パターンB	パターンC	パターンD
1枚目	1 戦いの武器	大砲	戦車	機関銃	刀
	2 楽器	オルガン	太鼓	琴	アコーディオン
	3 体の一部	耳	目	親指	足
	4 電気製品	ラジオ	ステレオ	電子レンジ	テレビ
2枚目	5 昆虫	テントウムシ	トンボ	セミ	カブトムシ
	6 動物	ライオン	ウサギ	牛	馬
	7 野菜	タケノコ	トマト	トウモロコシ	カボチャ
	8 台所用品	フライパン	ヤカン	ナベ	包丁
3枚目	9 文房具	ものさし	万年筆	はさみ	筆
	10 乗り物	オートバイ	飛行機	トラック	ヘリコプター
	11 果物	ブドウ	レモン	メロン	パイナップル
	12 衣類	スカート	コート	ドレス	ズボン
4枚目	13 鳥	にわとり	ペンギン	クジャク	スズメ
	14 花	バラ	ユリ	チューリップ	ヒマワリ
	15 大工道具	ペンチ	カナヅチ	ドライバー	ノコギリ
	16 家具	ベッド	机	椅子	ソファー

❷「手がかり再生（イラストの記憶）」の絵（下記はパターンA）

2 介入課題

数字がたくさん書かれた表に、検査員が指示した数字に斜線（/）を引いていく問題です。手がかり再生の出題から回答までに一定の時間を空けることが目的の検査で、この課題自体に配点はありません。

❸「手がかり再生（介入課題）」の問題用紙、回答用紙

問題用紙　1

これから、たくさん数字が書かれた表が出ますので、私が指示をした数字に斜線を引いてもらいます。

例えば、「1と4」に斜線を引いてくださいと言ったときは、

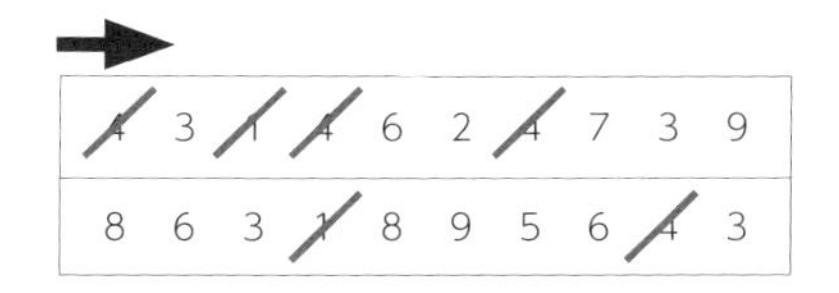

4	3	1	4	6	2	4	7	3	9
8	6	3	1	8	9	5	6	4	3

と例示のように順番に、見つけただけ斜線を引いてください。

※指示があるまでめくらないでください。

回答用紙　1

9	3	2	7	5	4	2	4	1	3
3	4	5	2	1	2	7	2	4	6
6	5	2	7	9	6	1	3	4	2
4	6	1	4	3	8	2	6	9	3
2	5	4	5	1	3	7	9	6	8
2	6	5	9	6	8	4	7	1	3
4	1	8	2	4	6	7	1	3	9
9	4	1	6	2	3	2	7	9	5
1	3	7	8	5	6	2	9	8	4
2	5	6	9	1	3	7	4	5	8

※指示があるまでめくらないでください。

3 自由回答

介入課題の前に見た16の絵を、思い出して回答する検査です。この時点で絵を見ることはできません。

❹「手がかり再生（自由回答）」の問題用紙、回答用紙

問題用紙 2

少し前に、何枚かの絵をお見せしました。

何が描かれていたのかを思い出して、できるだけ全部書いてください。

※指示があるまでめくらないでください。

回答用紙 2

1.	9.
2.	10.
3.	11.
4.	12.
5.	13.
6.	14.
7.	15.
8.	16.

※指示があるまでめくらないでください。

4 手がかり回答

今度は同じ16の絵を、ヒントを手がかりに思い出して回答する検査です。

❺「手がかり再生（手がかり回答）」の問題用紙、回答用紙

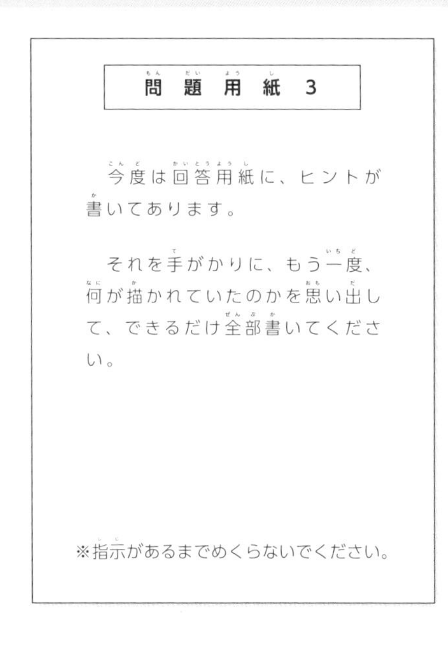

問題用紙 3

今度は回答用紙に、ヒントが書いてあります。

それを手がかりに、もう一度、何が描かれていたのかを思い出して、できるだけ全部書いてください。

※指示があるまでめくらないでください。

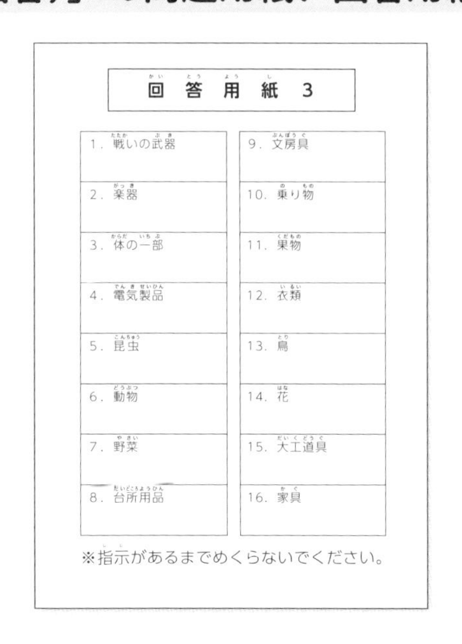

回答用紙 3

1. 戦いの武器	9. 文房具
2. 楽器	10. 乗り物
3. 体の一部	11. 果物
4. 電気製品	12. 衣類
5. 昆虫	13. 鳥
6. 動物	14. 花
7. 野菜	15. 大工道具
8. 台所用品	16. 家具

※指示があるまでめくらないでください。

時間の見当識

検査実施時の年月日、曜日、時間を答える問題です。現在のご自身およびご自身が置かれている日時等の状況を、正しく認識しているかについての検査です。

「時間の見当識」の問題用紙、回答用紙

問題用紙 4

この検査には、5つの質問があります。

左側に質問が書いてありますので、それぞれの質問に対する答を右側の回答欄に記入してください。

答が分からない場合には、自信がなくても良いので思ったとおりに記入してください。空欄とならないようにしてください。

※指示があるまでめくらないでください。

回答用紙 4

以下の質問にお答えください。

質問	回答
今年は何年ですか？	年
今月は何月ですか？	月
今日は何日ですか？	日
今日は何曜日ですか？	曜日
今は何時何分ですか？	時　　分

判定結果は2つに分類されます

検査終了後に採点が行われ、その点数に応じて、「記憶力・判断力が低くなっています（認知症のおそれあり）」、「認知症のおそれがある基準には該当しません（認知症のおそれなし）」という２つの判定結果が出されます。

検査結果は、その場でまたは後日、書面(はがき等も含む)にて通知されます。

認知機能検査2つの判定結果

判定1

認知症のおそれあり

（記憶力・判断力が低くなっています）

判定2

認知症のおそれなし

（認知症のおそれがある基準には該当しません）

違反歴がある人が受けなければならない「運転技能検査」はどんな検査？

75歳以上の方が免許の更新を受けようとする場合、自動車を運転していて**一定の違反歴がある方については、運転技能検査を受けなければなりません**。

具体的には、免許証の有効期間が満了する日の直前の誕生日の160日前の日からさかのぼって3年の間に、大型自動車、中型自動車、準中型自動車、普通自動車を運転していて、次ページの違反行為を行った人が対象になります。対象の方には、事前にはがきによる通知がきます。

不合格になっても何度でも受検できますが、免許の更新期間が満了する前に認知機能検査や高齢者講習を終わらせなければなりません（そのつど検査手数料がかかります）。

「運転技能検査」の対象となる 11 種類の違反行為

1 信号無視

例 赤信号を無視

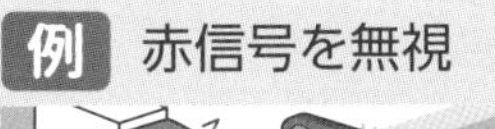

2 通行区分違反

例 指定した通行区分に従わない

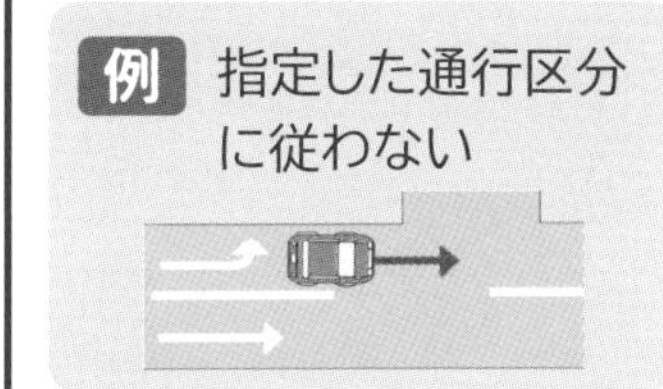

3 通行帯違反等

例 理由なく追い越し車線を走り続ける

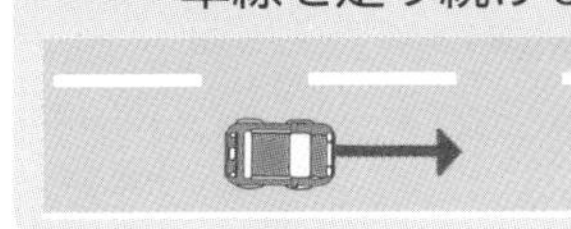

4 速度超過

例 制限速度オーバー

5 横断等禁止違反

例 横断禁止の道路で横断

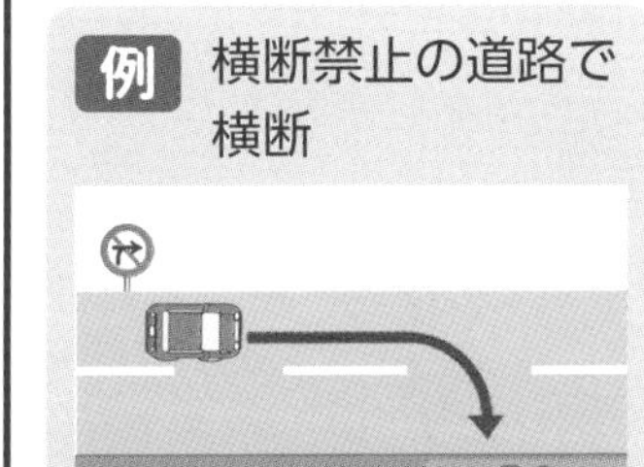

6 踏切不停止等・遮断踏切立入り

例 踏切の遮断機が閉じている踏切内に進入

7 交差点右左折方法違反等

例 左折時に大回り

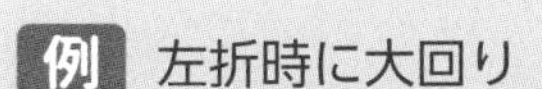

8 交差点安全進行義務違反等

例 交差点を直進する対向車両があるとき、それを妨害して交差点を右折

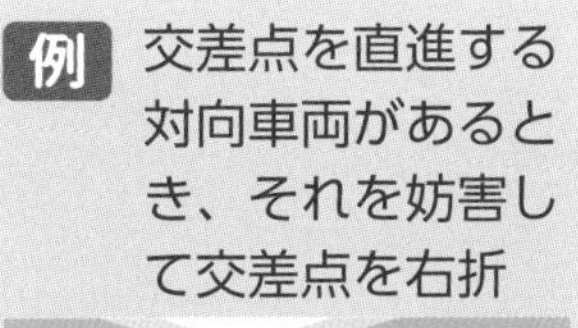

9 横断歩行者等妨害等

例 歩行者が横断歩道を通行しているとき、一時停止せずに横断歩道を通行

10 安全運転義務違反

例 ハンドル操作を誤った、必要な注意をすることなく漫然と運転

11 携帯電話使用等

例 運転中、携帯電話で通話

（注）個々の違反歴と重大事故の起こしやすさとの関連を分析した結果、将来において死亡・重傷事故を起こす危険性が類型的に高いと認められる違反行為が定められています。

「運転技能検査」の内容と合格基準

実際にコースなどで普通自動車を運転して、**一時停止など6つの課題**を行います。

採点は、運転行為の危険性に応じて100点満点からの減点方式で行います。**第一種免許は70点以上、第二種免許は80点以上が合格**です。

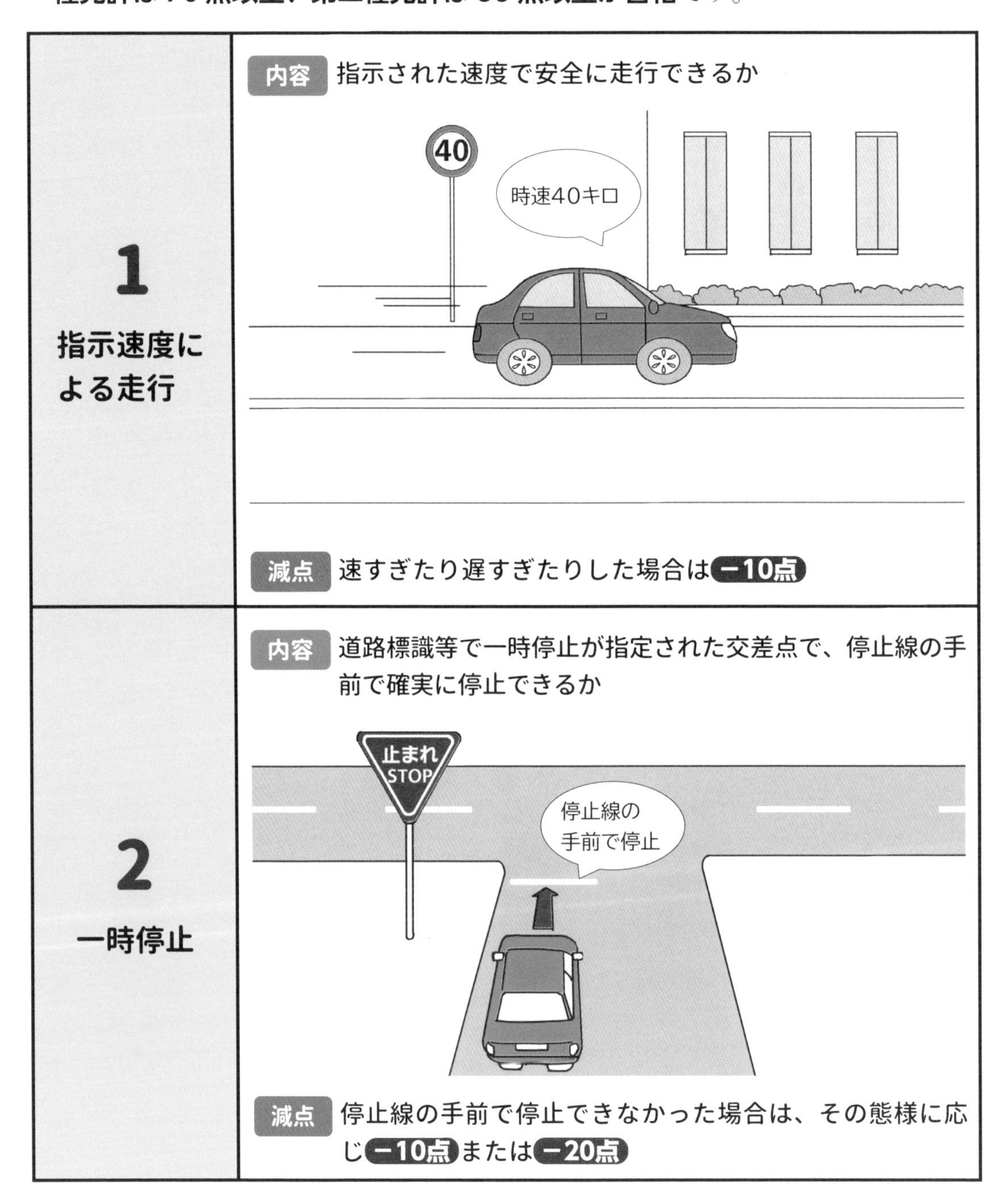

3 右折・左折	内容 右左折時に、道路の中央からはみ出して反対車線に入ったり、脱輪したりせずに、安全に曲がることができるか 減点 車体が中央線からはみ出した場合は、その程度に応じて**−20点**または**−40点** 脱輪した場合は**−20点** 
4 信号通過	内容 赤信号に従って停止線の手前で確実に停止できるか 減点 停止線の手前で停止できなかった場合は、その態様に応じ**−10点**または**−40点** 
5 段差乗り上げ	内容 段差に乗り上げたあと、ただちにアクセルペダルからブレーキペダルに踏みかえて安全に停止できるか 減点 段差に乗り上げたあと、適切に停止できない場合は**−20点** 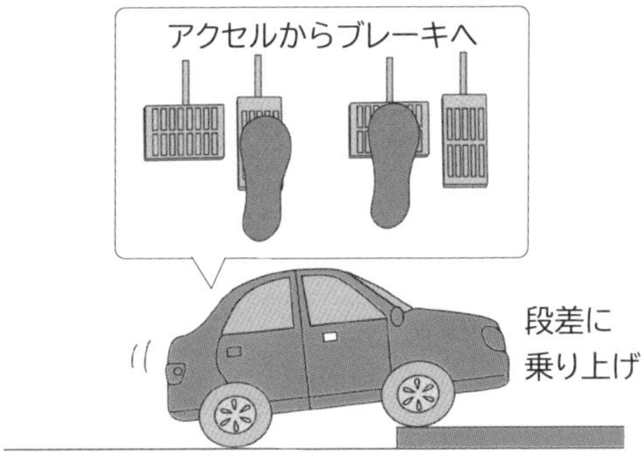
6 その他	内容 検査開始から終了までの間、全体の運転行動を見て判断 減点 検査中、衝突等の危険を避けるため検査員が補助ブレーキを踏むなどした場合は**−30点** 

75歳以上の人が免許更新以外のときに「一定の違反行為」をした場合に受けなければならない

臨時認知機能検査と臨時高齢者講習

75歳以上の人が免許更新以外のときに、下記の一定の違反行為をした場合は、臨時認知機能検査を受けなければなりません。**臨時認知機能検査は、認知機能検査の内容と同じ**です。「認知症のおそれあり」と判定された方は全員、**臨時適性検査**（専門医の診断）を受けるか、主治医などの診断を受けてその診

対象となる18種類の一定の違反行為

1 信号無視 例 赤信号を無視	**2 通行禁止違反** 例 通行禁止の道路を通行	**3 通行区分違反** 例 指定された通行区分に従わない
4 横断等禁止違反 例 横断禁止の道路で横断	**5 進路変更禁止違反** 例 黄色の線で区画されている車道で、黄色の線を越えて進路を変更	**6 遮断踏切立入り等** 例 踏切の遮断機が閉じている間に踏切内に進入
7 交差点右左折方法違反 例 左折時に大回り	**8 指定通行区分違反** 例 直進レーンを通行しているとき、交差点で右折	**9 環状交差点左折等方法違反** 例 徐行せずに環状交差点で左折

断書を提出することになります。医師の診断の結果、認知症であることが判明したときは、免許の取消し等の対象になります。

また、臨時認知機能検査で「認知症のおそれあり」という結果が出て臨時適性検査または医師の診断書提出で「認知症ではない」と診断された人のうち、前回の検査より結果が悪くなっている場合は、臨時高齢者講習を受けなければなりません。臨時高齢者講習の内容は、高齢者講習の内容と同じです。

10 優先道路通行車妨害等 例 交差道路が優先道路で、優先道路を通行中の車両の進行を妨害	**11 交差点優先車妨害** 例 交差点を直進する対向車両があるとき、それを妨害して交差点を右折	**12 環状交差点通行車妨害等** 例 環状交差点内を通行する他の車両の進行を妨害
13 横断歩道等における横断歩行者等妨害 例 歩行者が横断歩道を通行しているとき、一時停止せずに横断歩道を通行	**14 横断歩道のない交差点における横断歩行者妨害** 例 横断歩道のない交差点を歩行者が通行しているとき、交差点に進入して歩行者を妨害	**15 徐行場所違反** 例 徐行すべき場所で徐行しない
16 指定場所一時不停止等 例 一時停止せずに交差点に進入	**17 合図不履行** 例 右左折するときに合図を出さない	**18 安全運転義務違反** 例 ハンドル操作を誤った、必要な注意をすることなく漫然と運転

高齢者講習の内容を確認しておきましょう

認知機能検査を受けられる方は、70 歳以上の方が対象の高齢者講習はすでに受けていると思います。認知機能検査の受検時に、高齢者講習もあわせて受けなければなりませんので、確認しておきましょう。高齢者講習は実車による指導などはありますが、合否の判定はありません。

高齢者講習の講習内容（講習時間は 120 分）

高齢者講習の講習内容です（手数料は 6,450 円、実車による指導免除の方は 2,900 円）。

講習方法	講習科目	講習細目	講習時間
1 講義	道路交通の現状と交通事故の実態	1 地域における交通事故情勢 2 高齢者の交通事故の実態 3 高齢者支援制度等の紹介	30分
	運転者の心構え	1 安全運転の基本 2 交通事故の悲惨さ 3 シートベルト等の着用	
	安全運転の知識	1 高齢者の特性を踏まえた運転方法 2 危険予測と回避方法等 3 改正された道路交通法令	
2 運転適性検査器材による指導	運転適性についての指導 ①	運転適性検査器材による指導	30分
3 実車による指導	運転適性についての指導 ②	1 事前説明 2 ならし走行 3 課題 4 安全指導	60分

※ただし、運転技能検査の受検者と保有する運転免許が二輪、原付、小型特殊、大型特殊免許のみの方は、実車による指導（上記表の 3）は免除となります（講習時間 60 分）。

Part 3

認知機能検査の流れを模擬体験しましょう

手がかり再生 パターンA

このPartでは、認知機能検査の内容を、流れを追って解説しています。Part3で使用する手がかり再生問題のイラストは、パターンA～Dのうちの「パターンA」です。

問題1 手がかり再生

問題2 時間の見当識（けんとうしき）

認知機能検査の流れを知っておくと実際の検査でも役立ちますよ。
手がかり再生のイラストの覚え方も要チェック！

認知機能検査の流れ

検査用紙に名前と生年月日を記入 ➡P.46

1つめのテスト　**手がかり再生** ➡P.47〜57

16の絵（1枚4つ × 4枚）を見て覚え、その名前を記入する。自由回答（ヒントなし）、手がかり回答（ヒントあり）の2パターンがある。

2つめのテスト　**時間の見当識** ➡P.58〜59

検査当日の年月日、曜日、現在の時間を記入する。

採点・判定 ➡P.70〜78

検査を始める準備と検査中の注意点

準備

ご自宅で本書の問題を解くときは、会場で検査を受けるときと同じような準備をしましょう。

検査で使うものを用意する
※消しゴムは使用しません

カレンダーや時計は見えないようにする

携帯電話は近くに置かない

注意点

実際の検査と同じような注意点を守って問題を解きましょう。

- 間違えたときは二重線を引いて正しい文字や数字を書く。

訂正の方法例

成 美 一 郎(二重線)→朗

← 間違ったところに二重線を引き、正しい文字や数字を書く。

- 回答中は声を出さない。

家で問題を解くとき

- 時間の見当識の採点のため、検査を始めた時間をメモしておく。
- 制限時間を守るため、ストップウォッチなどで時間を計る。ご家族などの方に時間の計測などを協力してもらうのもよい。

検査スタート

認知機能検査の練習

これから解説する内容は、実際の検査に準拠しています。
ご家庭等で体験してみましょう。

検査前　認知機能検査の１枚目に記入

検査を始める前に、ご自身の名前、生年月日を、検査用紙の１枚目に記入します。実際の**回答時間は１分30秒**です。

なお、実際の検査では、問題用紙、回答用紙は、最初にすべて配られます。

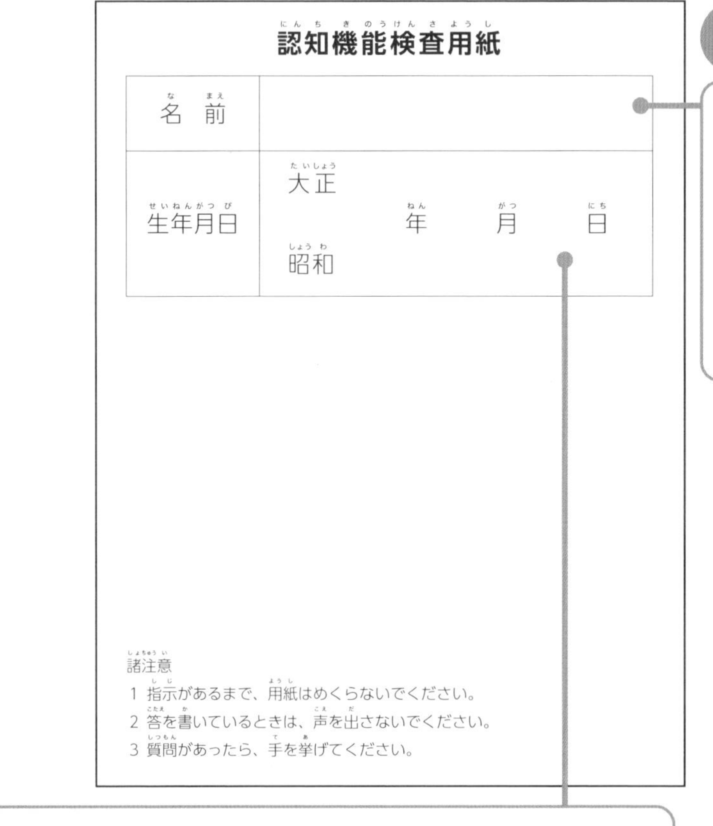

認知機能検査用紙

名前	
生年月日	大正 年　月　日 昭和

諸注意

1 指示があるまで、用紙はめくらないでください。
2 答を書いているときは、声を出さないでください。
3 質問があったら、手を挙げてください。

1　自分の名前を記入してください。漢字でなくてもかまいません。漢字の場合、ふりがなはいりません。

2　自分の生年月日を記入してください。

例 昭和18年４月１日生まれなら

大正
18 年　4 月　1 日
(昭和)

問題 1 手がかり再生

手がかり再生は、16の絵を順次見て、あとで答える検査です。絵を見てから答えるまでに、指定された数字に斜線を引く「介入課題」（→52ページ）があります。

1 イラストの記憶

まず、白黒の絵を４枚１セットで約１分見ます。これを４セット行い、合計 16 の絵を覚えます。

実際の検査で話すセリフです。本書では「検査員」としています。

これから、いくつかの絵を見せます。
一度に４つの絵を見せます。それが何度か続きます。あとで、何の絵があったかを、すべて答えていただきます。
よく覚えてください。

絵を覚えるためのヒントも出します。
ヒントを手がかりに覚えるようにしてください。

絵は手元に問題用紙として配られるのではなく、画面に映したり、検査員が絵の描かれた紙などを持ったりしますよ。

イラストの記憶（１セット目）

まず、１セット目です。４つのイラストが描かれています。検査員が、それぞれの**イラストの名前**と**ヒント**を口頭で以下のように話します。タブレットの場合はヘッドフォンから指示があります。

4つのイラストを、ヒントを手がかりにだいたい1分で覚えてくださいね。

これは、**大砲**です。

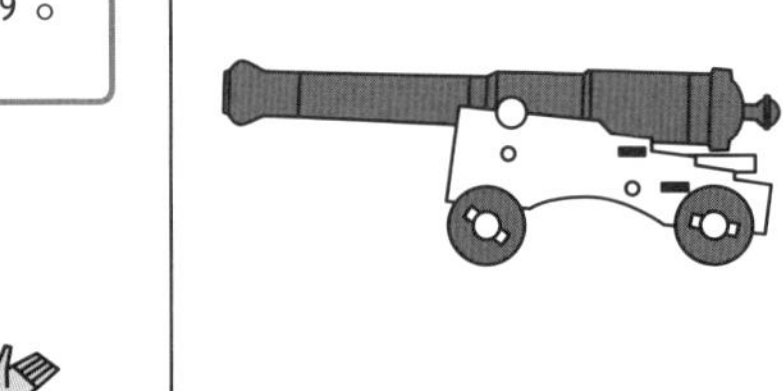

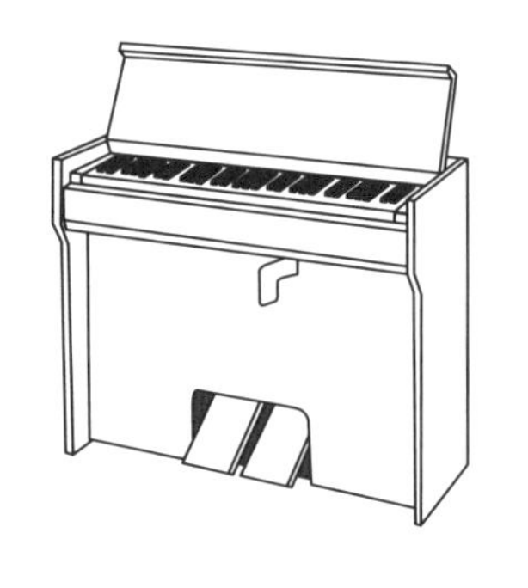

これは、**耳**です。

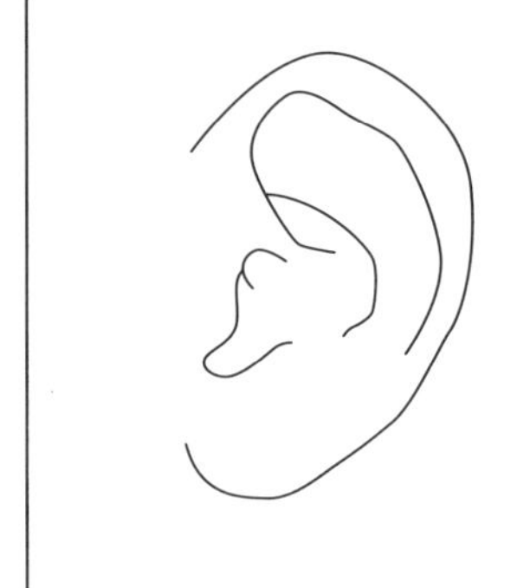

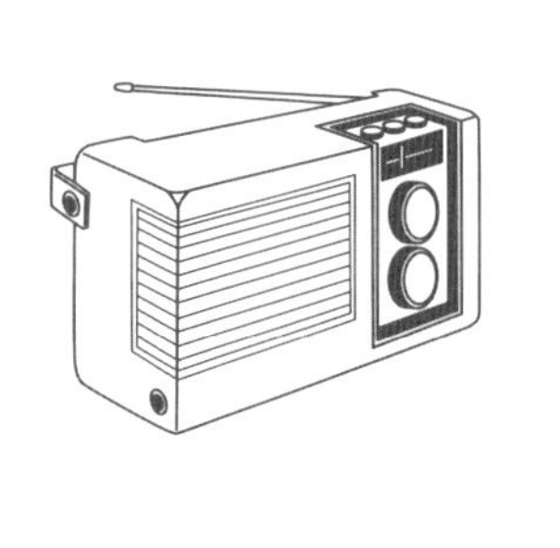

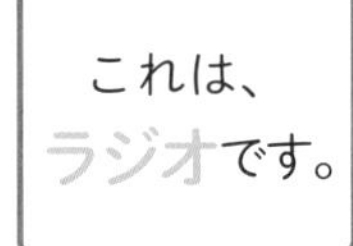

この中に、**楽器**があります。それは何ですか？　**オルガン**ですね。

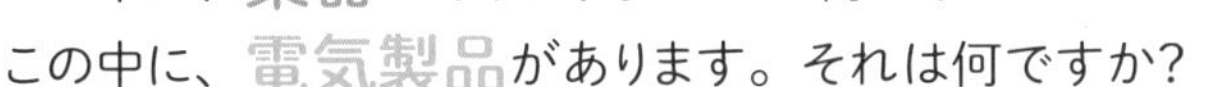

この中に、**電気製品**があります。それは何ですか？　**ラジオ**ですね。
この中に、**戦いの武器**があります。それは何ですか？　**大砲**ですね。
この中に、**体の一部**があります。それは何ですか？　**耳**ですね。

実際の検査では、だいたい１分たったら２セット目にうつるので、ご家庭で行う場合は、１分たったら覚えるのをやめ、２セット目にうつってくださいね。

イラストの記憶（2セット目）

次に2セット目です。

次のページにうつります。

実際のイラストもこれと同じようなタッチの絵になりますよ。

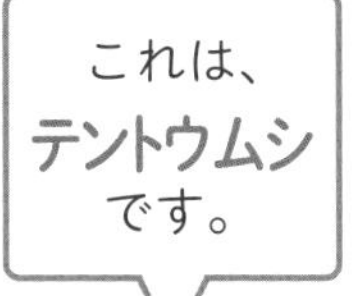

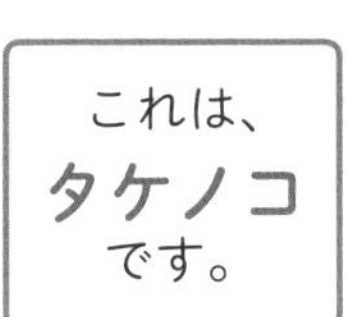

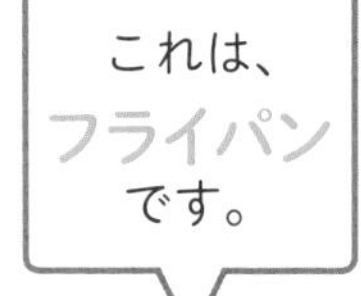

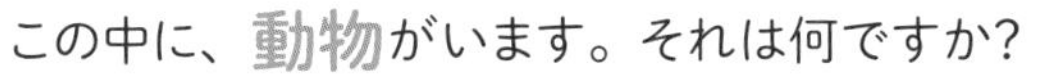

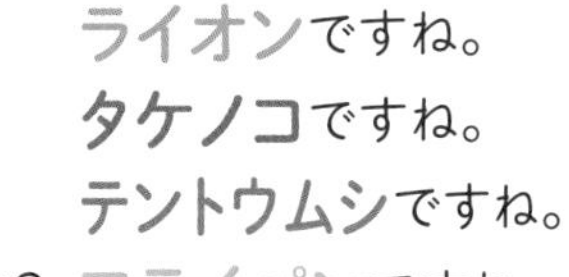

この中に、**動物**がいます。それは何ですか？　**ライオン**ですね。
この中に、**野菜**があります。それは何ですか？　**タケノコ**ですね。
この中に、**昆虫**がいます。それは何ですか？　**テントウムシ**ですね。
この中に、**台所用品**があります。それは何ですか？　**フライパン**ですね。

実際の検査では、だいたい1分たったら3セット目にうつるので、ご家庭で行う場合は、1分たったら覚えるのをやめ、3セット目にうつってくださいね。

イラストの記憶（3セット目）

次に3セット目です。

次のページにうつります。

4つのイラストを、ヒントを手がかりにだいたい1分で覚えてくださいね。

これは、**ものさし**です。

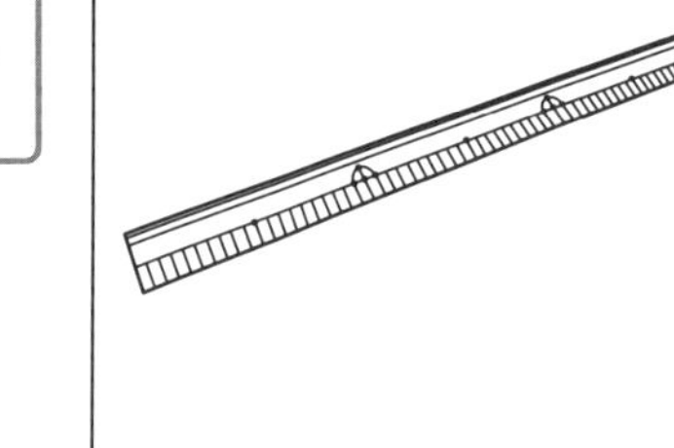

これは、**オートバイ**です。

これは、**ブドウ**です。

これは、**スカート**です。

この中に、**果物**があります。それは何ですか？　**ブドウ**ですね。
この中に、**文房具**があります。それは何ですか？　**ものさしですね。**
この中に、**乗り物**があります。それは何ですか？　**オートバイ**ですね。
この中に、**衣類**があります。それは何ですか？　**スカート**ですね。

実際の検査では、だいたい１分たったら４セット目にうつるので、ご家庭で行う場合は、１分たったら覚えるのをやめ、４セット目にうつってくださいね。

イラストの記憶（4セット目）

次に4セット目です。

次のページにうつります。

4つのイラストを、ヒントを手がかりにだいたい1分で覚えてくださいね。

これは、**にわとり**です。

これは、**バラ**です。

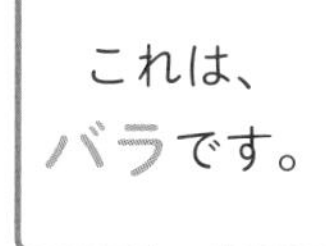

これは、**ペンチ**です。

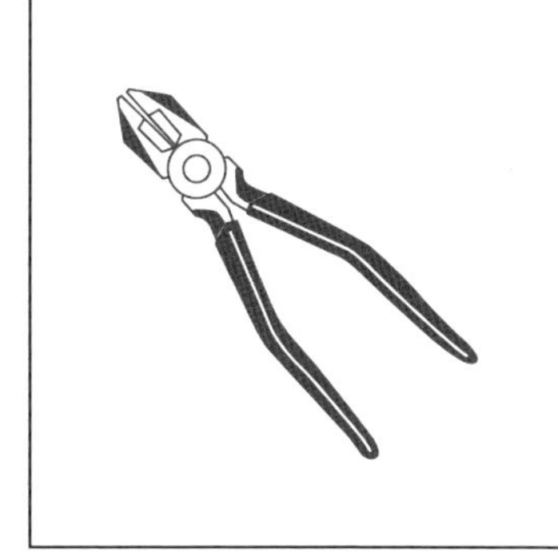

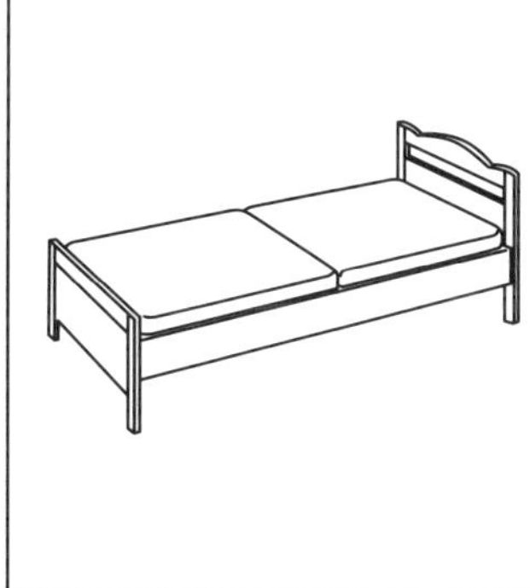

これは、**ベッド**です。

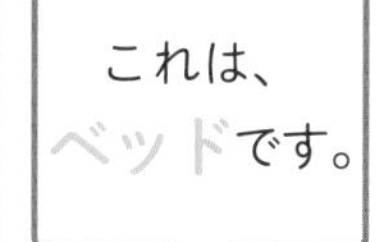

ヒント

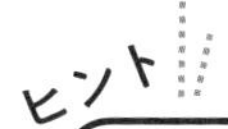

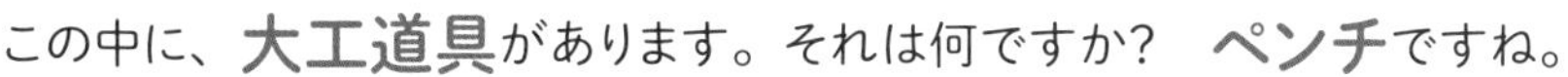

この中に、**大工道具**があります。それは何ですか？　**ペンチ**ですね。
この中に、**花**があります。それは何ですか？　**バラ**ですね。
この中に、**家具**があります。それは何ですか？　**ベッド**ですね。
この中に、**鳥**がいます。それは何ですか？　**にわとり**ですね。

イラストのパターンは、パターンA～Dの4種類があります。今回出題された16枚のイラストはパターンAです。検査当日は必ずどれかのパターンが出されます。本書ではすべて網羅していますよ。

2 介入課題（指定された数字を消していく）

指定された数字に斜線を引く問題です。
数字は２度、指示があります。

問 題 用 紙 1

これから、たくさん数字が書かれた表が出ますので、私が指示をした数字に斜線を引いてもらいます。

例えば、「1 と 4」に斜線を引いてくださいと言ったときは、

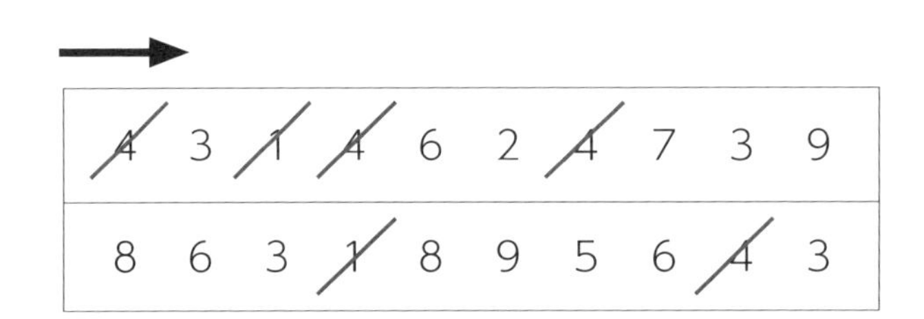

4	3	1	4	6	2	4	7	3	9
8	6	3	1	8	9	5	6	4	3

と例示のように順番に、見つけただけ斜線を引いてください。

※指示があるまでめくらないでください。

数字の指示は２回ありますので気をつけてくださいね。

ご家庭で行う場合は、次ページへ進み「回答用紙１」を始めてくださいね。

①「３と６」に斜線を引いてください。(30秒で回答)

回答時間
指示があってから
30秒
(1・2回目ともに)

回(かい)答(とう)用(よう)紙(し) 1

→

9	3	2	7	5	4	2	4	1	3
3	4	5	2	1	2	7	2	4	6
6	5	2	7	9	6	1	3	4	2
4	6	1	4	3	8	2	6	9	3
2	5	4	5	1	3	7	9	6	8
2	6	5	9	6	8	4	7	1	3
4	1	8	2	4	6	7	1	3	9
9	4	1	6	2	3	2	7	9	5
1	3	7	8	5	6	2	9	8	4
2	5	6	9	1	3	7	4	5	8

※指示(しじ)があるまでめくらないでください。

②続きまして、同じ用紙に、はじめから「２と５と８」に斜線を引いてください。(30秒で回答)

あまり熱中しすぎて前に見たイラストを忘れないように。

ご家庭で行う場合は、回答終了後、「問題用紙２」に進んでくださいね。

3 自由回答（先ほど見た16の絵の名称をヒントなしで答える）

数字を消す問題の前に見せられた絵を答える問題です。記憶をたどって、何の絵があったのかを思い出して書いてみましょう。

問題用紙 2

少し前に、何枚かの絵をお見せしました。

何が描かれていたのかを思い出して、できるだけ全部書いてください。

※指示があるまでめくらないでください。

ご家庭で行う場合は、次ページへ進み「回答用紙２」を始めてくださいね。

ご家庭で行う場合は、回答中は絵を見ないようにしてくださいね。

回答時間 3分

回(かい)答(とう)用(よう)紙(し) 2

1.	9.
2.	10.
3.	11.
4.	12.
5.	13.
6.	14.
7.	15.
8.	16.

※指(し)示(じ)があるまでめくらないでください。

ご家庭で行う場合は、3分たったら記入をやめて、「問題用紙3」に進んでくださいね。

- 「漢字」でも「カタカナ」でも「ひらがな」でもかまいません。
- 間違えた場合は、二重線を引いて訂正してくださいね。

4 手がかり回答（先ほど見た16の絵の名称をヒントを手がかりに答える）

絵の名前を答えるのは「自由回答」と同じですが、今度はヒントを手がかりに、何の絵があったのかを思い出してみましょう。

問題用紙 3

今度は回答用紙に、ヒントが書いてあります。

それを手がかりに、もう一度、何が描かれていたのかを思い出して、できるだけ全部書いてください。

※指示があるまでめくらないでください。

ご家庭で行う場合は、次ページへ進み「回答用紙３」を始めてくださいね。

ご家庭で行う場合は、回答中は絵を見ないようにしてくださいね。

回答時間 3分

回答用紙 3

1．戦いの武器	9．文房具
2．楽器	10．乗り物
3．体の一部	11．果物
4．電気製品	12．衣類
5．昆虫	13．鳥
6．動物	14．花
7．野菜	15．大工道具
8．台所用品	16．家具

※指示があるまでめくらないでください。

ご家庭で行う場合は、3分たったら記入をやめて、「問題用紙4」に進んでくださいね。

- 「漢字」でも「カタカナ」でも「ひらがな」でもかまいません。
- それぞれのヒントに対して回答は1つだけです。2つ以上は書かないでください。
- 間違えた場合は、二重線を引いて訂正してくださいね。

問題
2

時間の見当識

検査が行われる年月日、曜日、現在の時間を回答する問題です。問題用紙の問題を読み、回答用紙に記入します。100点満点中、配点は20点です。

問　題　用　紙　4

この検査には、５つの質問があります。

左側に質問が書いてありますので、それぞれの質問に対する答を右側の回答欄に記入してください。

答が分からない場合には、自信がなくても良いので思ったとおりに記入してください。空欄とならないようにしてください。

※指示があるまでめくらないでください。

ご家庭で行う場合は、次ページへ進み「回答用紙４」を記入してくださいね。

回答時間 2分

回答用紙 4

以下の質問にお答えください。

質問	回答
今年は何年ですか？	年
今月は何月ですか？	月
今日は何日ですか？	日
今日は何曜日ですか？	曜日
今は何時何分ですか？	時　分

枠内に記入しましょう。

西暦で書いても、和暦で書いてもかまいません。和暦とは、元号（令和）を用いた言い方のことです。「なにどし」ではないので干支で回答しないでください。

時間はだいたいで結構です。時計をしまうときに時刻を確認しておきましょう。

よくわからない場合でも、できるだけ何らかの答えを記入してくださいね。
ご家庭で行う場合は、2分たったら記入をやめてください。これで認知機能検査は終了です。採点編は70ページからです！

手がかり再生 イラスト一覧（パターンA～D）

パターンA

大砲	オルガン
耳	ラジオ

テントウムシ	ライオン
タケノコ	フライパン

ものさし	オートバイ
ブドウ	スカート

にわとり	バラ
ペンチ	ベッド

パターンB

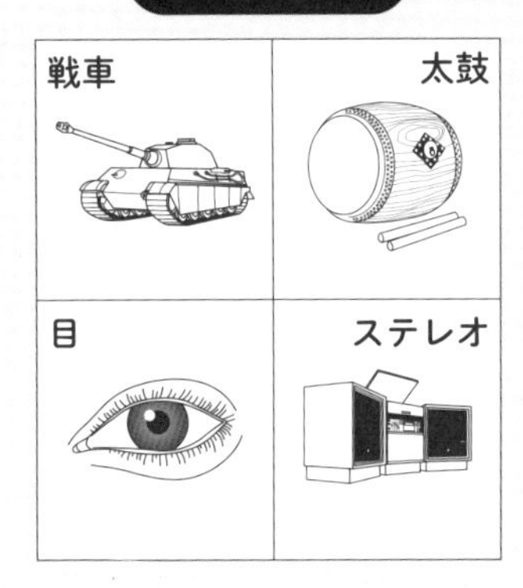

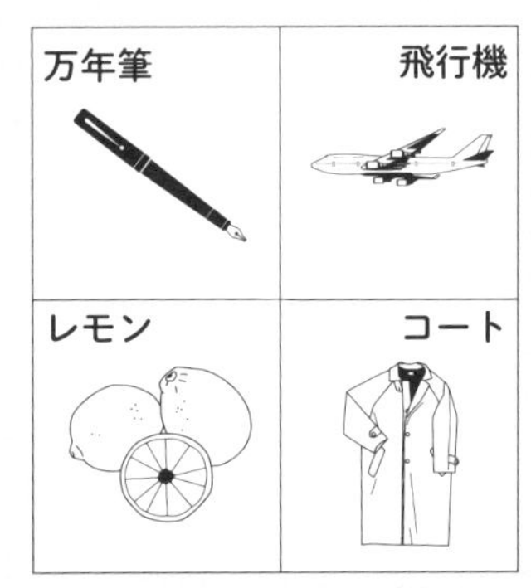

検査では16のイラストの名前を答えますが、出るイラストの種類はパターンA～Dの４つしかありません。どれが出るかは検査が始まらないとわかりません。

パターンC

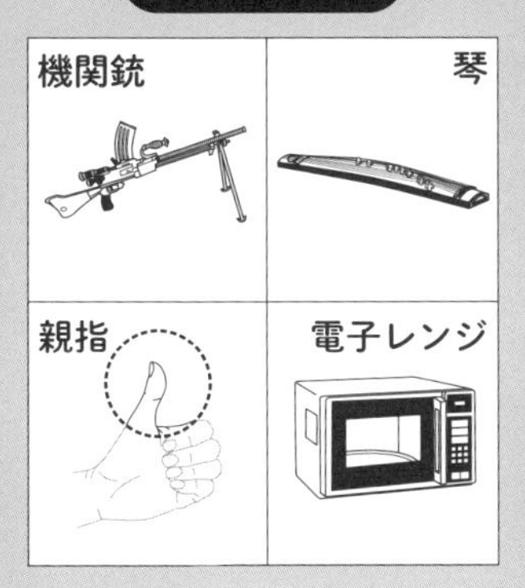

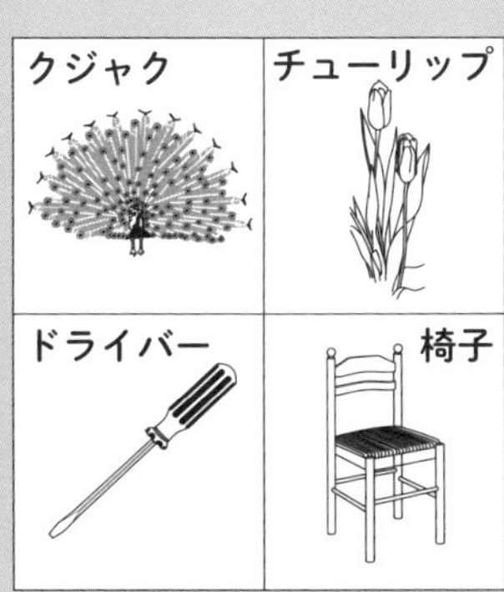

パターンD

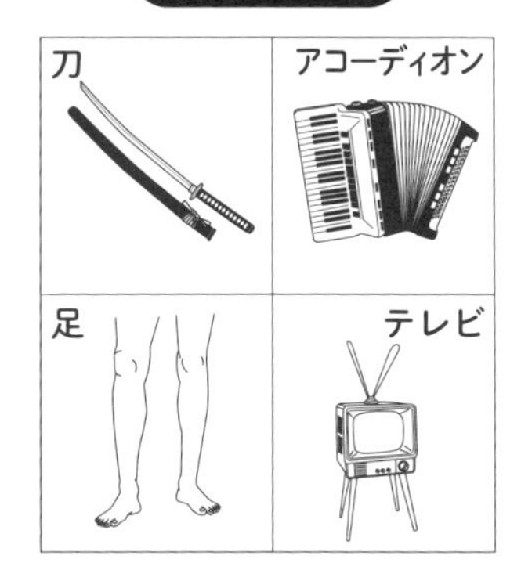

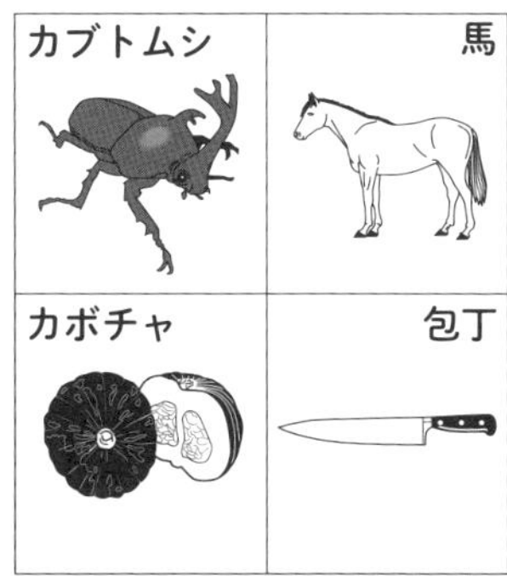

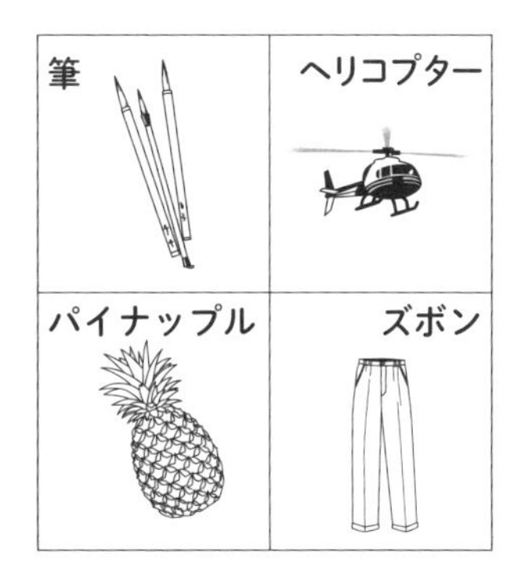

テストを受けに行く前にイラストのパターンを覚えたら有利になりますよね。「どうやったら覚えられるの？」、そのような方のための覚え方のコツは62ページから！

ストーリー暗記法 パターンA

パターンAの４つのイラストを１枚のストーリーイラストで表し、イメージで覚えてしまう暗記法です。それとは別に63ページ上のゴロ合わせで覚える方法もご活用ください。

４つのイラストを１枚に！

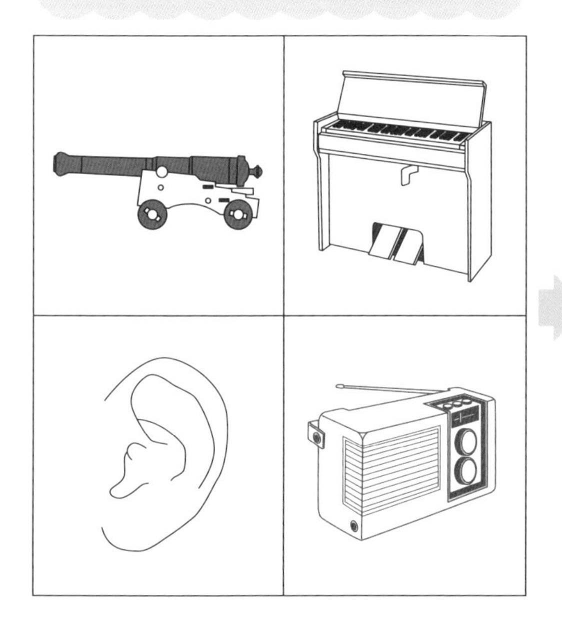

ラジオから流れる**大砲**の音を**耳**で聞きながら**オルガン**を弾いている

４つのイラストを１枚に！

テントウムシがとまった**ライオン**が**フライパン**で**タケノコ**を焼いている

「ストーリー暗記法」と「ゴロ合わせ暗記法」の２つを紹介します。自分に合っているほうで覚えてみてくださいね。

ゴロ合わせ暗記法　＊１枚目の最初のイラストが文の始まりです。

鯛煮たら、おばさん転倒耳ぶつけ、オラも滑ってペンチ踏む

たいにたら、　おばさんてんとうみみぶつけ、オラも　すべってペンチふむ

たい	に	た	ら	お	ば	てんとう	みみ	ぶ	お	ら	も	す	べっ	ペンチ	ふ
大砲	にわとり	タケノコ	ライオン	オートバイ	バラ	テントウムシ	耳	ブドウ	オルガン	ラジオ	ものさし	スカート	ベッド	ペンチ	フライパン

４つのイラストを１枚に！

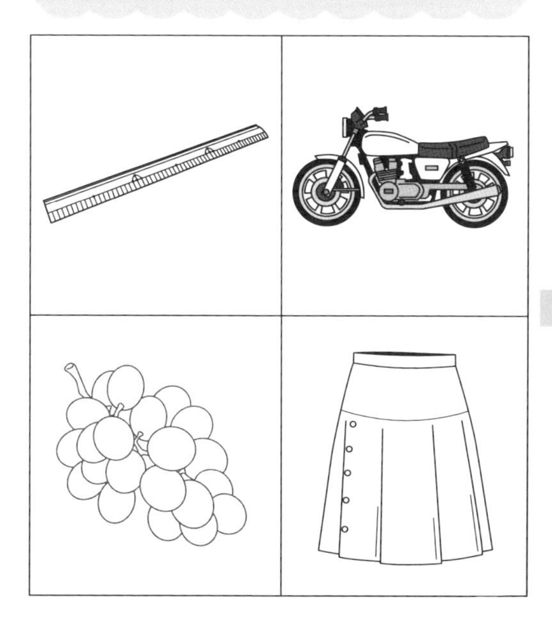

片手に**ブドウ**、片手に**ものさし**を持った**スカート**の人が**オートバイ**に乗っている

４つのイラストを１枚に！

バラの横で**ペンチ**が挟まった**にわとり**が**ベッド**で寝ている

ストーリー暗記法 パターンB

パターンBの４つのイラストを１枚のストーリーイラストで表し、イメージで覚えてしまう暗記法です。それとは別に65ページ上のゴロ合わせで覚える方法もご活用ください。

４つのイラストを１枚に！

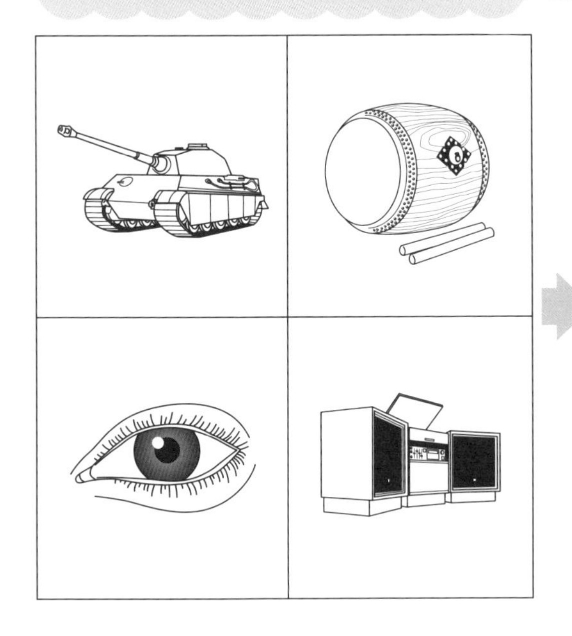

戦車が**太鼓**に発砲したようすを**目**のある**ステレオ**が見ている

４つのイラストを１枚に！

トンボに乗った**ウサギ**が**トマト**に**ヤカン**で水をかけている

ゴロ合わせ暗記法　＊１枚目の最初のイラストが文の始まりです。

千トンのペンギン、彼の夢は一山移すことたい

せんトンのペンギン、　かれのゆめは　ひとやまうつす　ことたい

せん	トン	ペンギン	か	れ	ゆ	め	ひ	と	や	ま	う	つ	す	こ	たい
戦車	トンボ	ペンギン	カナヅチ	レモン	ユリ	目	飛行機	トマト	ヤカン	万年筆	ウサギ	机	ステレオ	コート	太鼓

４つのイラストを１枚に！

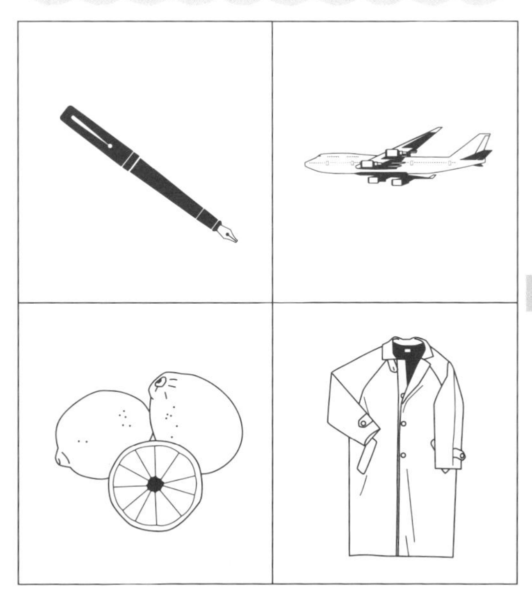

レモンが刺さった**万年筆**を持った**コート**の人が**飛行機**にまたがっている

４つのイラストを１枚に！

机にのった**ペンギン**が**カナヅチ**で**ユリ**を切っている

ストーリー暗記法 パターンC

パターンCの４つのイラストを１枚のストーリーイラストで表し、イメージで覚えてしまう暗記法です。それとは別に67ページ上のゴロ合わせで覚える方法もご活用ください。

４つのイラストを１枚に！

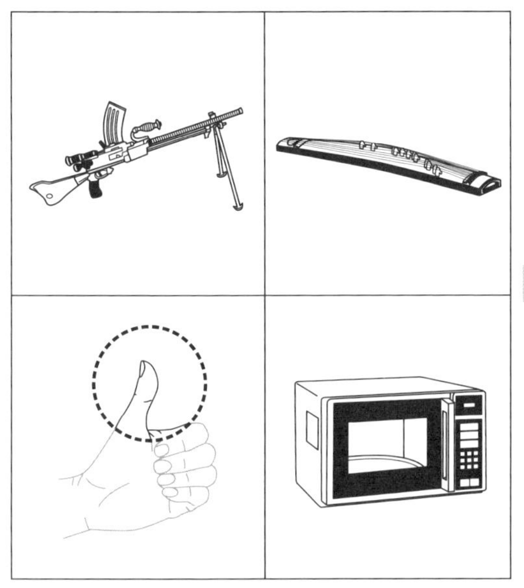

親指で**琴**を弾いている人が**機関銃**で**電子レンジ**を撃っている

４つのイラストを１枚に！

セミがとまった**ナベ**をかぶった**牛**が**トウモロコシ**を食べている

ゴロ合わせ暗記法　＊１枚目の最初のイラストが文の始まりです。

菊池がメロドラマで成功したのは、大人のドレスで登場したから

きくちが　メロドラマでせいこうしたのは、　おとなのドレスで　とうじょうしたから

機関銃　クジャク　チューリップ　メロン　ドライバー　セミ　椅子　琴　牛　はさみ　親指　トラック　ナベ　ドレス　電子レンジ　トウモロコシ

４つのイラストを１枚に！

メロンが描かれた**トラック**の前にいる人が**はさみ**で**ドレス**を切っている

４つのイラストを１枚に！

椅子の上の羽を広げた**クジャク**に**ドライバー**と**チューリップ**が刺さっている

ストーリー暗記法 パターンD

パターンDの４つのイラストを１枚のストーリーイラストで表し、イメージで覚えてしまう暗記法です。それとは別に69ページ上のゴロ合わせで覚える方法もご活用ください。

４つのイラストを１枚に！

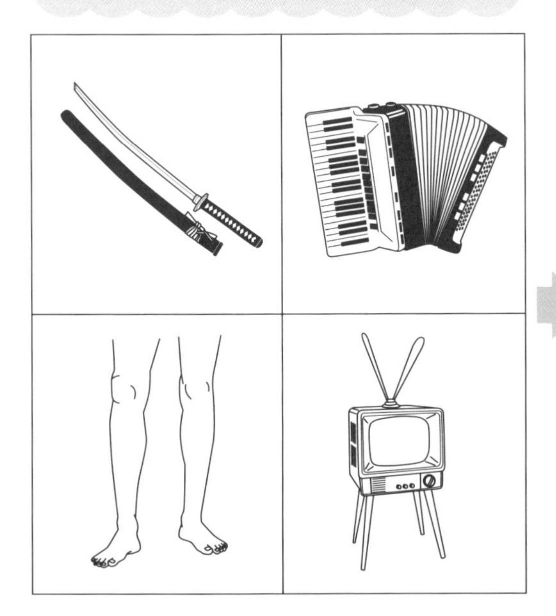

アコーディオンを**刀**で切っているところが映った**テレビ**の後ろから**足**が見えている

４つのイラストを１枚に！

馬が**包丁**で**カボチャ**を切ったら中から**カブトムシ**が出てきて飛んでいった

ゴロ合わせ暗記法　＊１枚目の最初のイラストが文の始まりです。

カアカアと阿呆スズメがソファーへ乗っかって、うまく引っ張れ古ズボン

カアカアと　あほうスズメが　ソファーへのっかって、　うまくひっぱれ　ふるズボン

カアカアと	あほうスズメが	ソファーへのっかって、	うまくひっぱれ	ふるズボン
刀、アコーディオン、カブトムシ、足	包丁、スズメ	ソファー、ヘリコプター、ノコギリ、カボチャ、テレビ	馬、ヒマワリ、パイナップル	筆、ズボン

4つのイラストを１枚に！

パイナップル柄の**ズボン**をはいた人が**筆**で**ヘリコプター**を描いている

4つのイラストを１枚に！

ヒマワリが後ろにある**ノコギリ**がのった**ソファー**の近くに**スズメ**が集まっている

総合点の算出方法

総合点は、「手がかり再生」と「時間の見当識」、それぞれの点数を次の計算式に代入して決まります（小数点以下は切り捨て）。

総合点（100点満点）＝「手がかり再生」の点数（最大32点）×2.499＋「時間の見当識」の点数（最大15点）×1.336

次のSTEPに従って総合点を算出します（採点方法は、手がかり再生72～73ページ、時間の見当識76ページを参照）。判定結果は78ページで確認してください。

1 手がかり再生の得点の算出【STEP1～8】

STEP 1 自由回答【解答一覧】のページを開きましょう

STEP 2 自由回答（回答用紙2）を採点しましょう

STEP 3 手がかり回答【解答一覧】のページを開きましょう

STEP 4 回答用紙3を出し自由回答（回答用紙2）で正解したところに線を入れましょう

回答用紙 2

1.	9.
2.	10.
3.	11.
4.	12.
5.	13.
6.	14.
7.	15.
8.	16.

※指示があるまでめくらないでください。

回答用紙 3

1. 戦いの武器	9. 文房具
2. 楽器	10. 乗り物
3. 体の一部	11. 果物
4. 電気製品	12. 衣類
5. 昆虫	13. 鳥
6. 動物	14. 花
7. 野菜	15. 大工道具
8. 台所用品	16. 家具

※指示があるまでめくらないでください。

72～73ページに「手がかり再生」の採点実例を掲載しています

STEP 5 手がかり回答（回答用紙3）を採点しましょう

回答用紙3

1. 戦いの武器	9. 文房具
2. 楽器	10. 乗り物
3. 体の一部	11. 果物
4. 電気製品	12. 衣類
5. 昆虫	13. 鳥
6. 動物	14. 花
7. 野菜	15. 大工道具
8. 台所用品	16. 家具

※指示があるまでめくらないでください。

STEP 6 回答用紙2（STEP 2）で正解した数（◯をつけたところ）を数えて得点を出しましょう

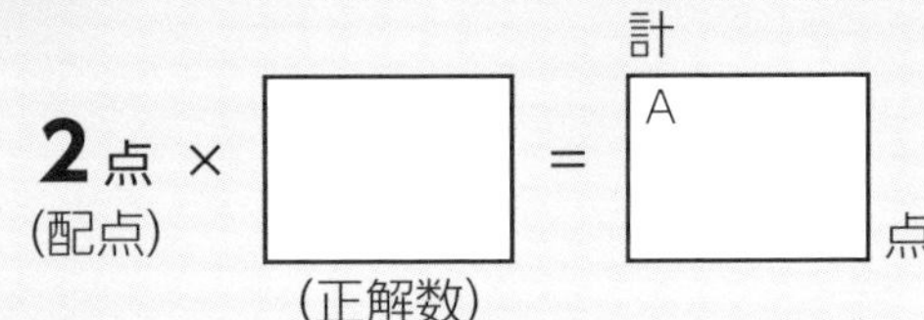

STEP 7 回答用紙3（STEP 5）で正解した数（◯をつけたところ）を数えて得点を出しましょう

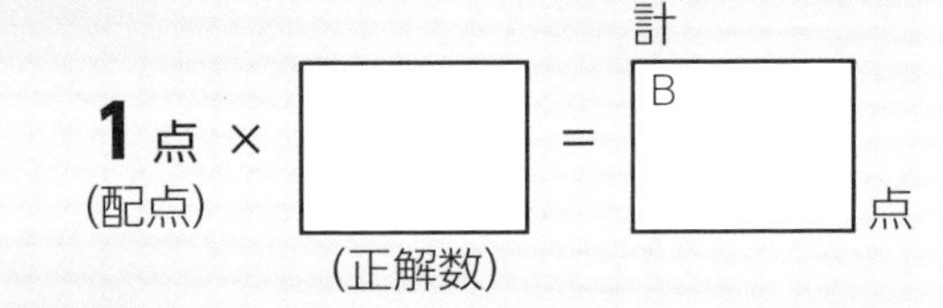

STEP 8 AとBを合計しましょう

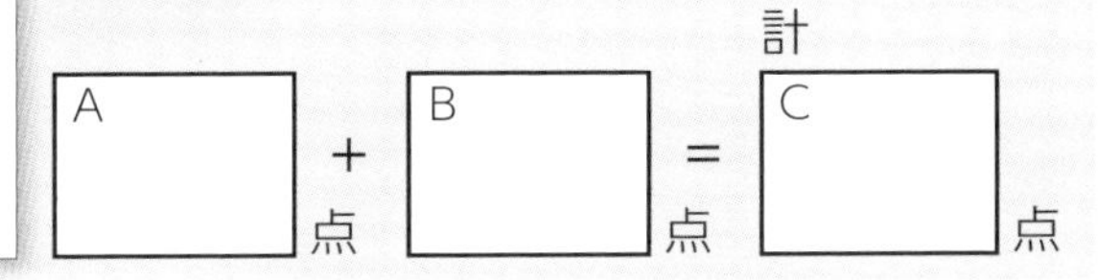

2 時間の見当識の得点の算出【STEP 9】

STEP 9 時間の見当識を採点しましょう

質問	配点	得点
何年	5点	
何月	4点	
何日	3点	
何曜日	2点	
何時何分	1点	
合計点		

正解したら得点を書き込み、合計点を出します。

計 D　点

3 総合点の算出【STEP10】

STEP 10 STEP 8、STEP 9の点数に指数をかけて総合点を出しましょう

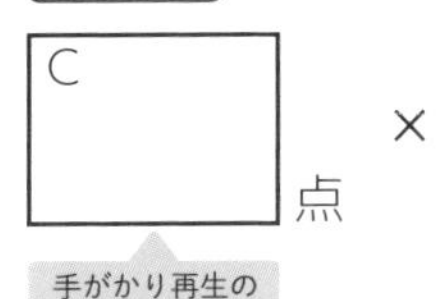

× 2.499（↑指数）＋

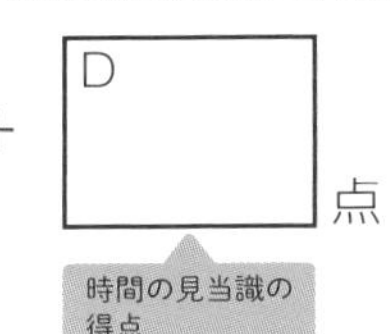

× 1.336（↑指数）＝

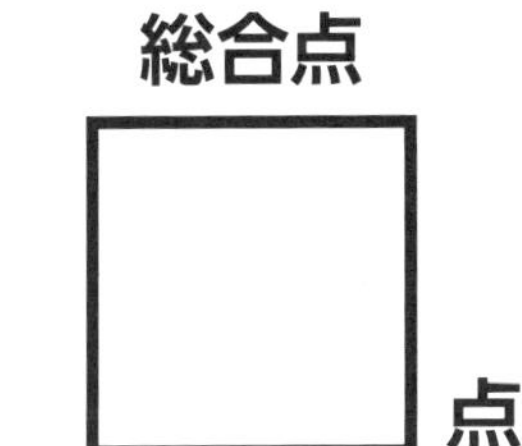

（小数点以下は切り捨て）

手がかり再生の採点方法

提示された絵と解答が正しいかを調べます。１つの絵についての配点は以下の通りです。

「手がかり再生」は最大 32 点です。「手がかり再生」で得られた得点に指数（2.499）をかけて計算するため、総合点（100 点）のうち 80 点の配点となります（詳しくは 70 ページ）。

・自由回答および手がかり回答両方とも正答の場合→ 2点（5点）
・自由回答のみ正答の場合→ 2点（5点）
・手がかり回答のみ正答の場合→ 1点（2.5点）

最大32点（最大80点）

1つのイラストで最大 2点（5点）ですので
16個× 2点（5点）＝ 32点（80点）となります。

指数（2.499）をかけたあとのおおよその点数（100 点満点の点数）を青で示しています

次のSTEPに従って採点しましょう 【STEP 1～8】

回答用紙の実例を示しながら説明します。

STEP 1 自由回答【解答一覧】のページを開きましょう

STEP 2 自由回答（回答用紙2）を採点しましょう

STEP 1の用紙と答え合わせをして、正解したら回答用紙２に○を入れます。

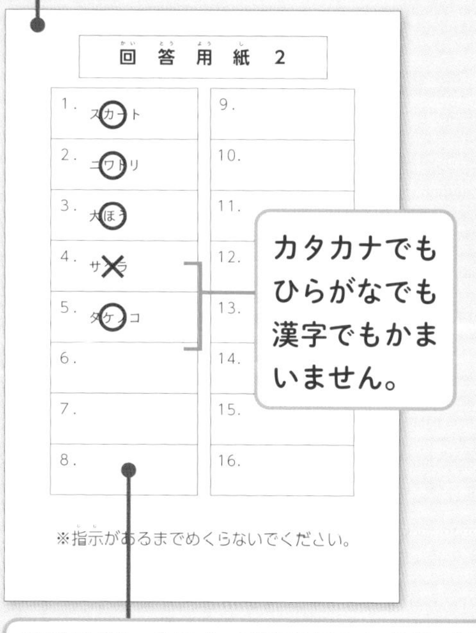

順番は問いません。回答用紙２に名称があれば○です。

STEP 3 手がかり回答【解答一覧】のページを開きましょう

STEP 4 回答用紙3を出し自由回答（回答用紙2）で正解したところに線を入れましょう

STEP 2で正解した○部分には回答用紙３に線（ー）を入れます。

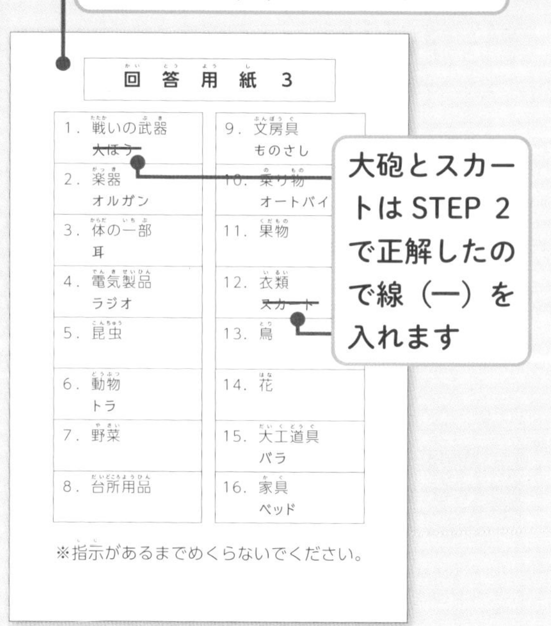

採点では、受検者に対して示したイラストを受検者が覚えているかどうかを検査するものであることから、次の①～③のような受検者に不利とならない採点が行われる。

①検査員が説明した言葉を言い換えた場合は正答とする【例】方言、外国語、通称名（一般的にその物を示す商品名、製造社名、品種）。

②検査員が示したイラストと類似しているものを回答した場合は正答とする。

③回答した言葉に誤字または脱字がある場合は正答とする。

※①～③に示すものであっても、絵の区分上、またはカテゴリーから容易に想像できるものなどは誤答とする。

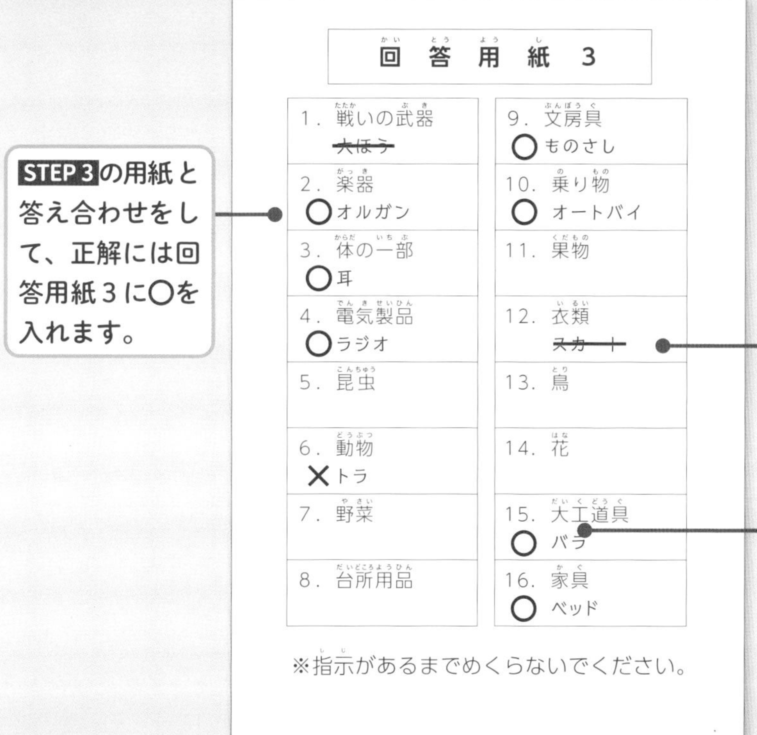

回答用紙3

1．戦いの武器 ~~大ほう~~	9．文房具 ○ ものさし
2．楽器 ○ オルガン	10．乗り物 ○ オートバイ
3．体の一部 ○ 耳	11．果物
4．電気製品 ○ ラジオ	12．衣類 ~~スカート~~
5．昆虫	13．鳥
6．動物 × トラ	14．花
7．野菜	15．大工道具 ○ バラ
8．台所用品	16．家具 ○ ベッド

※指示があるまでめくらないでください。

一を入れたところはSTEP 2で数えていますので、STEP 5ではカウントしません。

ヒントと対応していないところに書いても（花ではないところにバラと書く）、STEP 3の回答用紙3に名称があれば○です。

STEP 6 回答用紙2（STEP 2）で正解した数（○をつけたところ）を数えて得点を出しましょう

2点（配点） × 4（正解数） ＝ 計 A 8（得点）点

STEP 7 回答用紙3（STEP 5）で正解した数（○をつけたところ）を数えて得点を出しましょう

1点（配点） × 7（正解数） ＝ 計 B 7（得点）点

STEP 8 AとBを合計しましょう

A 8 点 ＋ B 7 点 ＝ 計 15 点 ←（32点中）

この得点は、手がかり再生の配点32点中の得点です。100点満点の総合点を出すときは、指数2.499をかけます。たとえば、15点とった場合は指数2.499をかけるので、37.485点となります。総合点のしくみは70～71ページをご覧ください。

自由回答 解答一覧

54～55ページで行った問題の解答です。照らし合わせて確認しましょう。

回答用紙 2

1. 大砲	9. ものさし
2. オルガン	10. オートバイ
3. 耳	11. ブドウ
4. ラジオ	12. スカート
5. テントウムシ	13. にわとり
6. ライオン	14. バラ
7. タケノコ	15. ペンチ
8. フライパン	16. ベッド

※指示があるまでめくらないでください。

くわしい採点方法は72～73ページをご覧くださいね。

- 「漢字」でも「カタカナ」でも「ひらがな」でもかまいません。
- 見せられたイラストの順番でなくてもかまいません。
- 1つの回答欄に2つ以上の回答を記入すると不正解になりますよ。

手がかり回答 解答一覧

56～57ページで行った問題の解答です。照らし合わせて確認しましょう。

回答用紙 3

1．戦いの武器 大砲	9．文房具 ものさし
2．楽器 オルガン	10．乗り物 オートバイ
3．体の一部 耳	11．果物 ブドウ
4．電気製品 ラジオ	12．衣類 スカート
5．昆虫 テントウムシ	13．鳥 にわとり
6．動物 ライオン	14．花 バラ
7．野菜 タケノコ	15．大工道具 ペンチ
8．台所用品 フライパン	16．家具 ベッド

※指示があるまでめくらないでください。

くわしい採点方法は72～73ページをご覧くださいね。

- 「漢字」でも「カタカナ」でも「ひらがな」でもかまいません。
- ヒントと対応していなくてもかまいません。
- 1つの回答欄に2つ以上の回答を記入すると不正解になりますよ。

時間の見当識 解答一覧

59ページの回答例です。照らし合わせて確認しましょう。「年」、「月」、「日」、「曜日」、「時間」は、それぞれ独立に採点し、合計した点数が得点となります。すべて正解した場合、15点になります（100点満点では20点）。

２０２×年（令和△年）１月２０日（月曜日）１０時３０分の場合

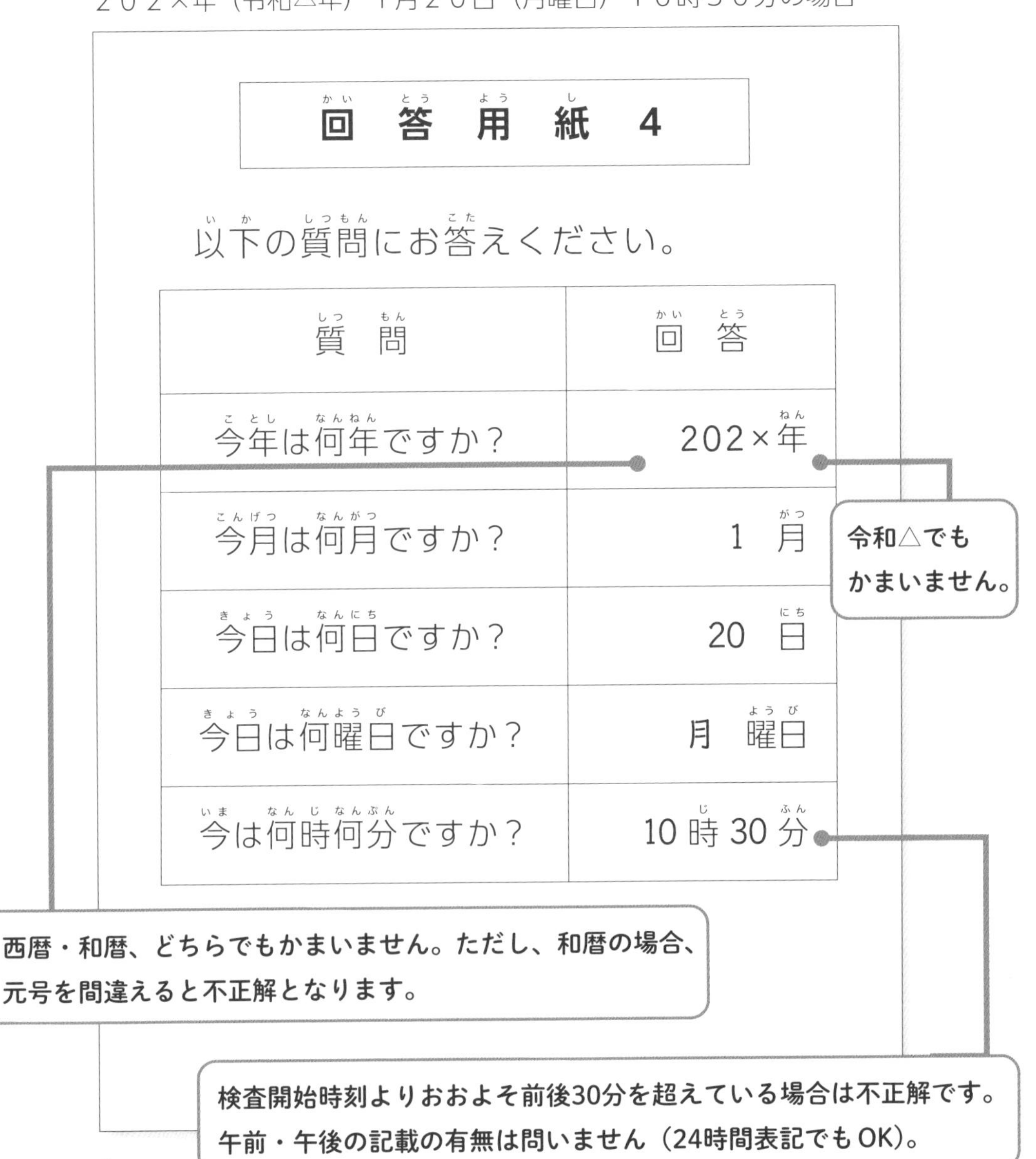

回答用紙 4

以下の質問にお答えください。

質問	回答
今年は何年ですか？	202×年
今月は何月ですか？	1 月
今日は何日ですか？	20 日
今日は何曜日ですか？	月 曜日
今は何時何分ですか？	10 時 30 分

空欄や間違った場合は不正解（0点）です！

❗ 得点は71ページの「STEP9の表」に記入し、合計点を出しましょう。

介入課題 解答一覧

53ページで行った課題の解答です。配点はありませんので採点する必要はありません。

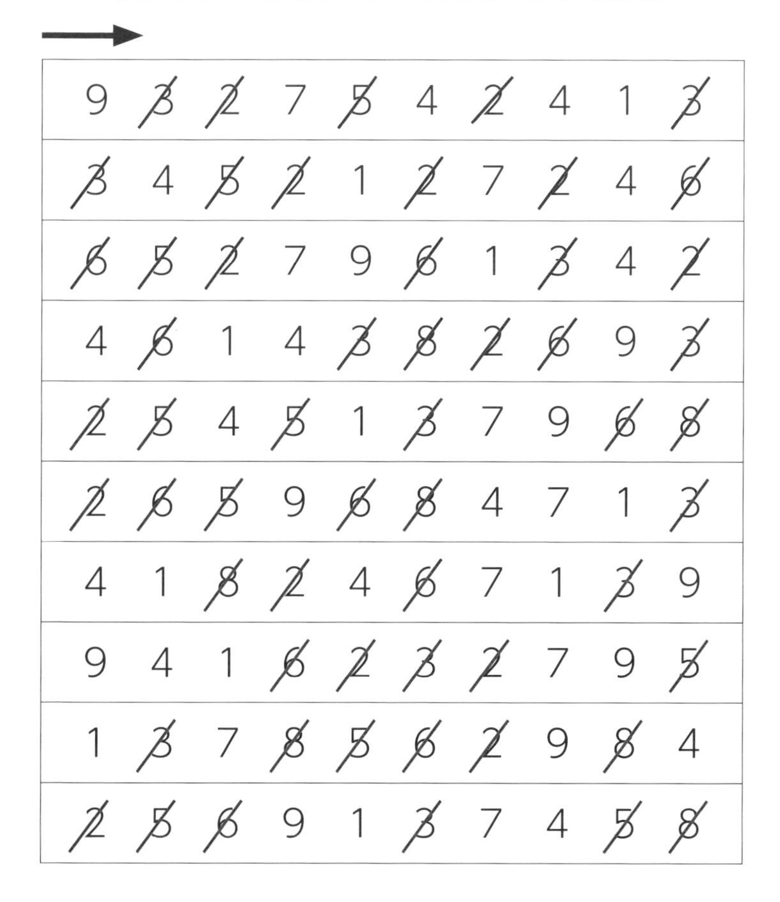

回答用紙 1

→

9	~~3~~	~~2~~	7	~~5~~	4	~~2~~	4	1	~~3~~
~~3~~	4	~~5~~	~~2~~	1	~~2~~	7	~~2~~	4	~~6~~
~~6~~	~~5~~	~~2~~	7	9	~~6~~	1	~~3~~	4	~~2~~
4	~~6~~	1	4	~~3~~	~~8~~	~~2~~	~~6~~	9	~~3~~
~~2~~	~~5~~	4	~~5~~	1	~~3~~	7	9	~~6~~	~~8~~
~~2~~	~~6~~	~~5~~	9	~~6~~	~~8~~	4	7	1	~~3~~
4	1	~~8~~	~~2~~	4	~~6~~	7	1	~~3~~	9
9	4	1	~~6~~	~~2~~	~~3~~	~~2~~	7	9	~~5~~
1	~~3~~	7	~~8~~	~~5~~	~~6~~	~~2~~	9	~~8~~	4
~~2~~	~~5~~	~~6~~	9	1	~~3~~	7	4	~~5~~	~~8~~

※指示があるまでめくらないでください。

この問題は、認知機能を検査するものではなく、先に記憶した絵を忘れさせるために行われます。間違えてもかまいません。従いまして、この問題の配点はありません（正解は上記のとおりです）。

認知機能検査の判定結果を確認

認知機能検査の判定結果を確認しましょう。

結果は70～71ページで算出した総合点の数値を基準にして、あなたの認知機能を２種類で判定します。

ご家庭で行う場合は、70～71ページの方法で総合点を算出してください。

判定結果	
総合点 36点未満 	**判定１ 認知症のおそれあり** **記憶力・判断力が低くなっています。** 記憶力・判断力が低下すると、信号無視や一時不停止の違反をしたり、進路変更の合図が遅れたりする傾向がみられます。 今後の運転について十分注意するとともに、医師やご家族にご相談されることをお勧めします。 また、臨時適性検査（専門医による診断）を受け、または医師の診断書を提出していただくお知らせが公安委員会からあります。 この診断の結果、認知症であることが判明したときは、運転免許の取消し、停止という行政処分の対象となります。
総合点 36点以上 	**判定2 認知症のおそれなし** **「認知症のおそれがある」基準には該当しません。** 今回の結果は、記憶力、判断力の低下がないことを意味するものではありません。 個人差はありますが、加齢により認知機能や身体機能が変化することから、自分自身の状態を常に自覚して、それに応じた運転をすることが大切です。 記憶力・判断力が低下すると、信号無視や一時不停止の違反をしたり、進路変更の合図が遅れたりする傾向がみられますので、今後の運転について十分注意してください。

【時間の見当識 攻略ポイント】

【合格点を取るための攻略術】

1 「時間の見当識」は全問正解を目指す！

「手がかり再生」に比べるとやさしいので、事前に当日の年・月・日・曜日を覚えておきましょう。時間は 79 ページの攻略ポイントをご覧ください。全問正解で 15 点、100 点満点に換算すると約 20 点になり、合格点まであと 16 点です。

▶ 全問正解すると…

100点満点中
約20点

合格点は36点以上だから
あと約16点

2 合格点まであと約16点！ 「手がかり再生」の「手がかり回答」（ヒントあり）を７問正解する！

「手がかり回答」（ヒントあり）は覚えたイラストの名前をヒントを参考に答えるもので、ヒントなしの「自由回答」より正解しやすいでしょう。「手がかり回答」を７問正解すれば 100 点満点に換算すると 16 点以上になり合格点に達します。

Part 4

3回の模擬テストで検査は万全です

このPartでは、実際の検査問題を3回分掲載しました。本番の検査では、Part3で解説した問題（手がかり再生パターンA）とPart4の3回分の問題（手がかり再生パターンB～D）の計4回分のどれかの問題が出ます。時間を計ってご家庭で解いてみましょう。解き終わったら、解答一覧とカンタン採点表で自己採点してみましょう。

今度はパターンB～Dの検査問題に挑戦ですね。Part 3の解き方のポイントを思い出して3回分がんばりましょう！

第1回 テスト

問題 1

手がかり再生

手がかり再生は、16の絵を順次見て、あとで答える検査です。絵を見てから答える間に、指定の数字に斜線を引く「介入課題」があります。

1 イラストの記憶

まず、白黒の絵を4枚1セットで約1分見ます。これを4セット行い、合計16枚の絵を覚えます。

これから、いくつかの絵を見せます。
一度に4つの絵を見せます。それが何度か続きます。あとで、何の絵があったかを、すべて答えていただきます。
よく覚えてください。

絵を覚えるためのヒントも出します。
ヒントを手がかりに覚えるようにしてください。

今回は**パターンB**の絵です。

絵は手元に問題用紙として配られるのではなく、画面に映したり、検査員が絵の描かれた紙などを持ったりしますよ。

イラストの記憶（1セット目）

まず、1セット目です。4つの絵が描かれています。検査員が、それぞれの絵の名前とヒントを口頭で以下のように話します。

4つの絵を、ヒントを手がかりにだいたい1分で覚えてくださいね。

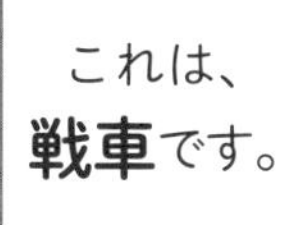

これは、**戦車**です。

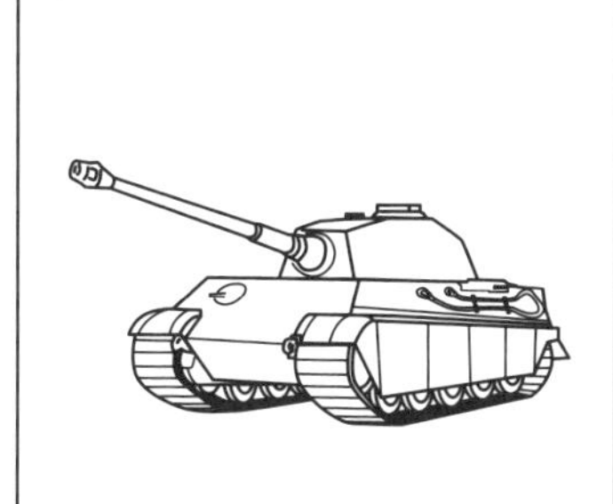

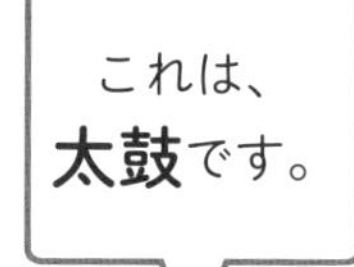

これは、**太鼓**です。

これは、**目**です。

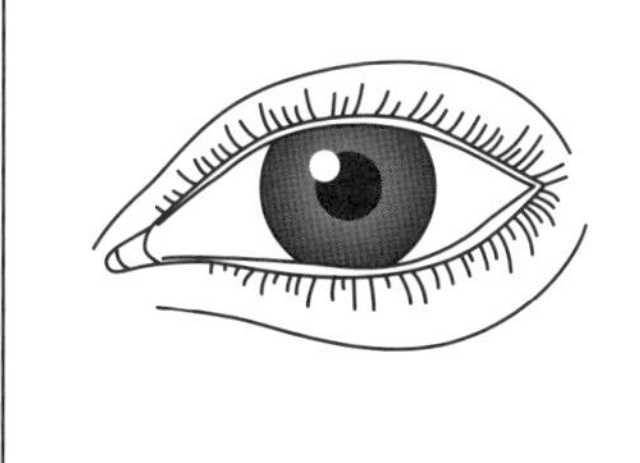

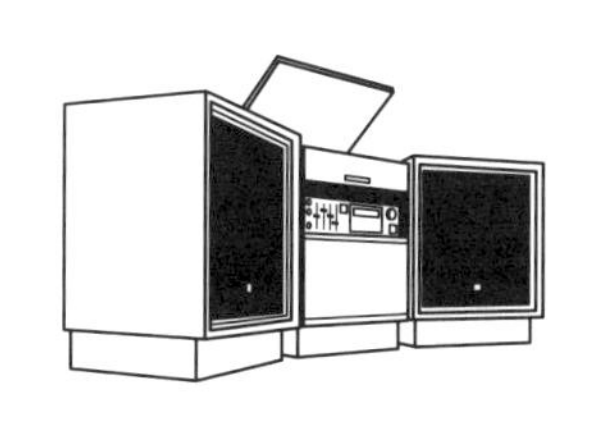

これは、**ステレオ**です。

ヒント

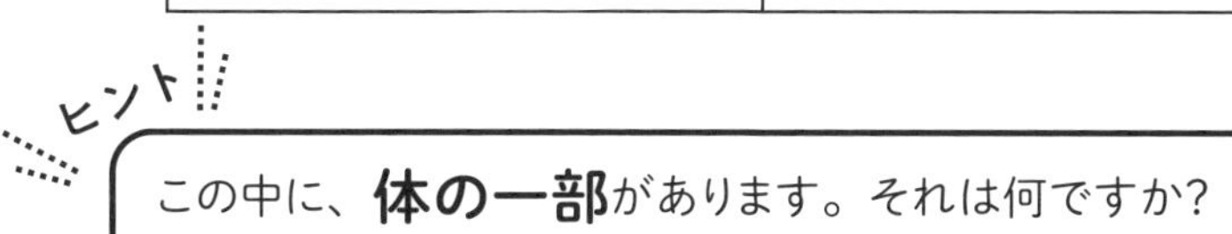

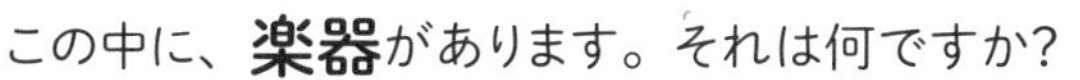

この中に、**体の一部**があります。それは何ですか？　**目**ですね。
この中に、**楽器**があります。それは何ですか？　**太鼓**ですね。
この中に、**電気製品**があります。それは何ですか？　**ステレオ**ですね。
この中に、**戦いの武器**があります。それは何ですか？　**戦車**ですね。

実際の検査では、だいたい1分たったら2セット目にうつるので、ご家庭で行う場合は、1分たったら覚えるのをやめ、2セット目にうつってくださいね。

Part 4 第1回テスト 手がかり再生 パターンB

イラストの記憶（2セット目）

4つの絵を、ヒントを手がかりに
だいたい1分で覚えてくださいね。

これは、
トンボ
です。

これは、
トマト
です。

これは、
ヤカン
です。

ヒント

この中に、**野菜**があります。それは何ですか？　**トマト**ですね。
この中に、**昆虫**がいます。それは何ですか？　**トンボ**ですね。
この中に、**動物**がいます。それは何ですか？　**ウサギ**ですね。
この中に、**台所用品**があります。それは何ですか？　**ヤカン**ですね。

実際の検査では、だいたい１分たったら３セット目にうつるので、ご家庭で行う場合は、１分たったら覚えるのをやめ、３セット目にうつってくださいね。

イラストの記憶（3セット目）

4つの絵を、ヒントを手がかりに
だいたい1分で覚えてくださいね。

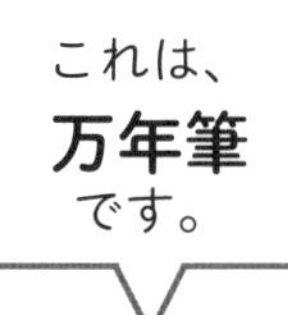

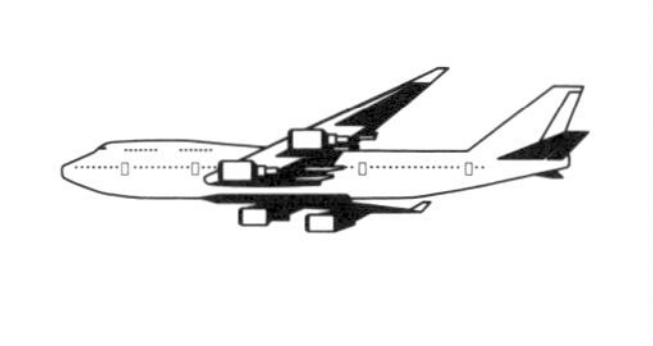

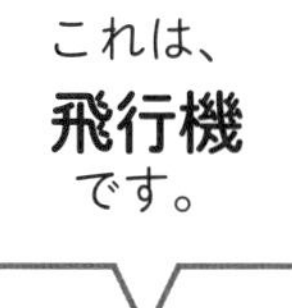

これは、
レモン
です。

この中に、**衣類**があります。それは何ですか？　**コート**ですね。
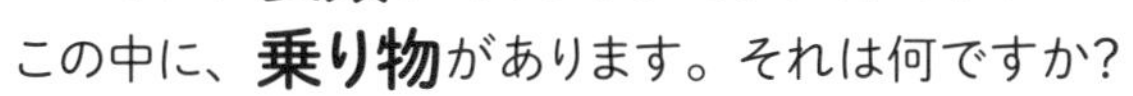
この中に、**乗り物**があります。それは何ですか？　**飛行機**ですね。
この中に、**果物**があります。それは何ですか？　**レモン**ですね。
この中に、**文房具**があります。それは何ですか？　**万年筆**ですね。

実際の検査では、だいたい1分たったら4セット目にうつるので、ご家庭で行う場合は、1分たったら覚えるのをやめ、4セット目にうつってくださいね。

Part 4 第1回テスト 手がかり再生 パターンB

イラストの記憶（4セット目）

4つの絵を、ヒントを手がかりにだいたい1分で覚えてくださいね。

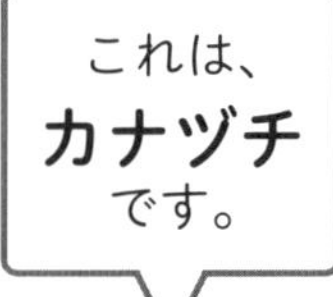

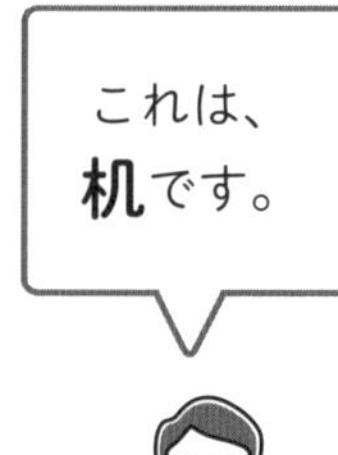

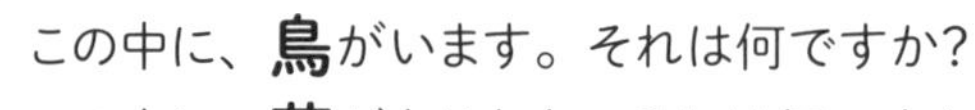

この中に、**鳥**がいます。それは何ですか？　**ペンギン**ですね。
この中に、**花**があります。それは何ですか？　**ユリ**ですね。
この中に、**家具**があります。それは何ですか？　**机**ですね。
この中に、**大工道具**があります。それは何ですか？　**カナヅチ**ですね。

だいたい1分たったら、覚える絵はおしまいです。あとで何の絵があったのかを答えてもらいますので、よく覚えておいてくださいね。

2 介入課題（指定された数字を消していく）

指定された数字に斜線を引く問題です。
数字は２度、指示があります。
なお、この課題は採点されません。

問題用紙 1

これから、たくさん数字が書かれた表が出ますので、私が指示をした数字に斜線を引いてもらいます。

例えば、「1と4」に斜線を引いてくださいと言ったときは、

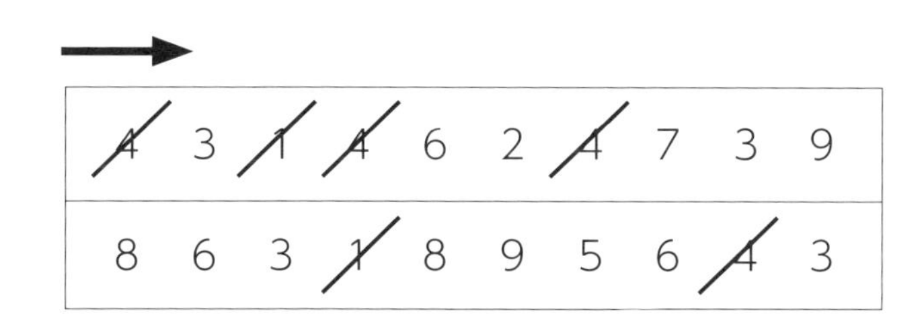

と例示のように順番に、見つけただけ斜線を引いてください。

※指示があるまでめくらないでください。

ご家庭で行う場合は、次ページへ進み「回答用紙1」を始めてくださいね。

「2と7」に斜線を引いてください。
（30秒で回答）

回答時間
指示があってから
30秒
（1・2回目ともに）

回(かい)答(とう)用(よう)紙(し) 1

→

9	3	2	7	5	4	2	4	1	3
3	4	5	2	1	2	7	2	4	6
6	5	2	7	9	6	1	3	4	2
4	6	1	4	3	8	2	6	9	3
2	5	4	5	1	3	7	9	6	8
2	6	5	9	6	8	4	7	1	3
4	1	8	2	4	6	7	1	3	9
9	4	1	6	2	3	2	7	9	5
1	3	7	8	5	6	2	9	8	4
2	5	6	9	1	3	7	4	5	8

※指示(しじ)があるまでめくらないでください。

続きまして、同じ用紙に、はじめから
「1と4と9」に斜線を引いてください。
（30秒で回答）

ご家庭で行う場合は、回答終了後、
「問題用紙2」に進んでくださいね。

3 自由回答（先ほど見た16の絵の名称をヒントなしで答える）

数字を消す問題の前に見せられた絵を答える問題です。記憶をたどって、何の絵があったのかを思い出してみましょう。

問題用紙 2

少し前に、何枚かの絵をお見せしました。

何が描かれていたのかを思い出して、できるだけ全部書いてください。

※指示があるまでめくらないでください。

ご家庭で行う場合は、次ページへ進み「回答用紙２」を始めてくださいね。

回答時間 3分

回(かい)答(とう)用(よう)紙(し) 2

1.	9.
2.	10.
3.	11.
4.	12.
5.	13.
6.	14.
7.	15.
8.	16.

※指(し)示(じ)があるまでめくらないでください。

ご家庭で行う場合は、3分たったら記入をやめて、「問題用紙3」に進んでくださいね。

- 回答の順序は問いません。思い出した順で結構です。
- 「漢字」でも「カタカナ」でも「ひらがな」でもかまいません。
- 間違えた場合は、二重線を引いて訂正してくださいね。

4 手がかり回答（先ほど見た16の絵の名称をヒントを手がかりに答える）

絵の名前を答えるのは「自由回答」と同じですが、今度はヒントを手がかりに、何の絵があったのかを思い出してみましょう。

問題用紙 3

今度は回答用紙に、ヒントが書いてあります。

それを手がかりに、もう一度、何が描かれていたのかを思い出して、できるだけ全部書いてください。

※指示があるまでめくらないでください。

ご家庭で行う場合は、次ページへ進み「回答用紙３」を始めてくださいね。

回答時間 3分

回答用紙 3

1．戦いの武器	9．文房具
2．楽器	10．乗り物
3．体の一部	11．果物
4．電気製品	12．衣類
5．昆虫	13．鳥
6．動物	14．花
7．野菜	15．大工道具
8．台所用品	16．家具

※指示があるまでめくらないでください。

ご家庭で行う場合は、3分たったら記入をやめて、「問題用紙4」に進んでくださいね。

- 「漢字」でも「カタカナ」でも「ひらがな」でもかまいません。
- 間違えた場合は、二重線を引いて訂正してくださいね。

問題 2

時間の見当識

検査が行われる年月日、曜日、時刻を回答する問題です。
問題用紙の問題を読み、回答用紙に記入します。

問題用紙 4

この検査には、5つの質問があります。

左側に質問が書いてありますので、それぞれの質問に対する答を右側の回答欄に記入してください。

答が分からない場合には、自信がなくても良いので思ったとおりに記入してください。空欄とならないようにしてください。

※指示があるまでめくらないでください。

ご家庭で行う場合は、次ページへ進み「回答用紙４」を始めてくださいね。

回答時間 2分

回答用紙 4

以下の質問にお答えください。

質問	回答
今年は何年ですか？	年
今月は何月ですか？	月
今日は何日ですか？	日
今日は何曜日ですか？	曜日
今は何時何分ですか？	時　　分

よくわからない場合でも、できるだけ何らかの答えを記入してください。ご家庭で行う場合は、2分たったら記入をやめてください。これで認知機能検査は終了です。

認知機能検査 第1回 テスト 解答一覧

自由回答【解答一覧】

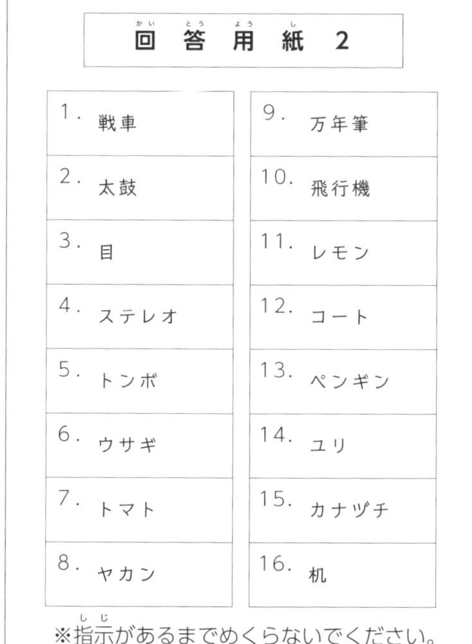

回答用紙 2

1. 戦車	9. 万年筆
2. 太鼓	10. 飛行機
3. 目	11. レモン
4. ステレオ	12. コート
5. トンボ	13. ペンギン
6. ウサギ	14. ユリ
7. トマト	15. カナヅチ
8. ヤカン	16. 机

※指示があるまでめくらないでください。

手がかり回答【解答一覧】

回答用紙 3

1. 戦いの武器 戦車	9. 文房具 万年筆
2. 楽器 太鼓	10. 乗り物 飛行機
3. 体の一部 目	11. 果物 レモン
4. 電気製品 ステレオ	12. 衣類 コート
5. 昆虫 トンボ	13. 鳥 ペンギン
6. 動物 ウサギ	14. 花 ユリ
7. 野菜 トマト	15. 大工道具 カナヅチ
8. 台所用品 ヤカン	16. 家具 机

※指示があるまでめくらないでください。

カンタン採点表

72〜73ページのSTEP 1〜5を読んで回答用紙2・3に○をつけていきましょう。

STEP 6 回答用紙2（STEP2）で正解した数（○をつけたところ）を数えて得点を出しましょう

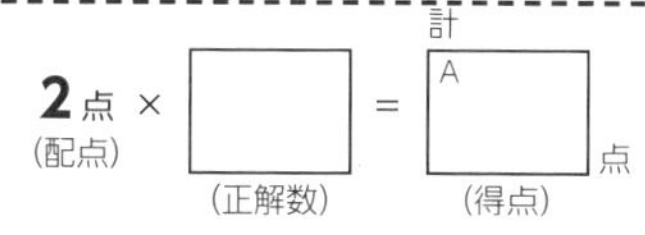

STEP 7 回答用紙3（STEP5）で正解した数（○をつけたところ）を数えて得点を出しましょう

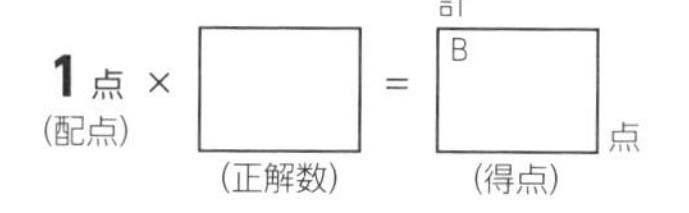

STEP 8 AとBを合計しましょう

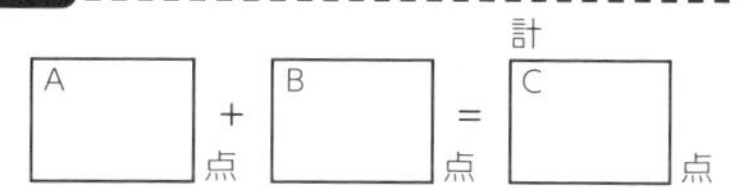

STEP 9 時間の見当識を採点しましょう

質問	配点	得点
何年	5点	
何月	4点	
何日	3点	
何曜日	2点	
何時何分	1点	
合計点		

計 D 点

STEP 10 STEP8、STEP9の点数に指数をかけて総合点を出しましょう

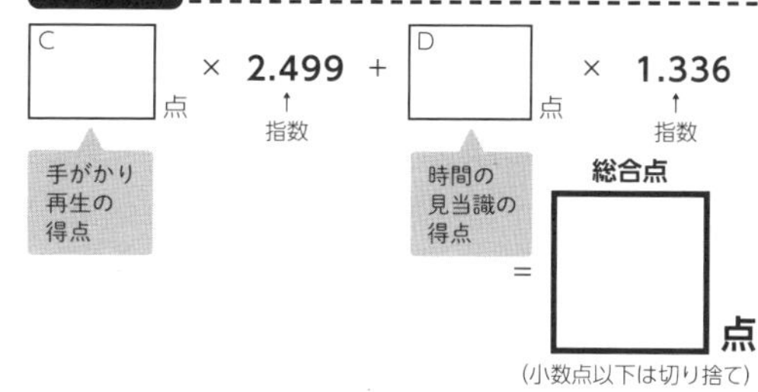

・「手がかり再生（介入課題）」の問題は採点しませんので、答えは割愛します。
・「時間の見当識」の問題はテストを行った年月日、曜日、時刻で採点してください。

第2回 テスト

問題 1

手がかり再生

手がかり再生は、16の絵を順次見て、あとで答える検査です。絵を見てから答える間に、指定の数字に斜線を引く「介入課題」があります。

1 イラストの記憶

まず、白黒の絵を４枚１セットで約１分見ます。これを４セット行い、合計16枚の絵を覚えます。

これから、いくつかの絵を見せます。
一度に４つの絵を見せます。それが何度か続きます。あとで、何の絵があったかを、すべて答えていただきます。よく覚えてください。

絵を覚えるためのヒントも出します。
ヒントを手がかりに覚えるようにしてください。

今回は**パターンC**の絵です。

絵は手元に問題用紙として配られるのではなく、画面に映したり、検査員が絵の描かれた紙などを持ったりします。

イラストの記憶（1セット目）

まず、1セット目です。4つの絵が描かれています。検査員が、それぞれの絵の名前とヒントを口頭で以下のように話します。

4つの絵を、ヒントを手がかりにだいたい1分で覚えてください。

これは、**機関銃**です。

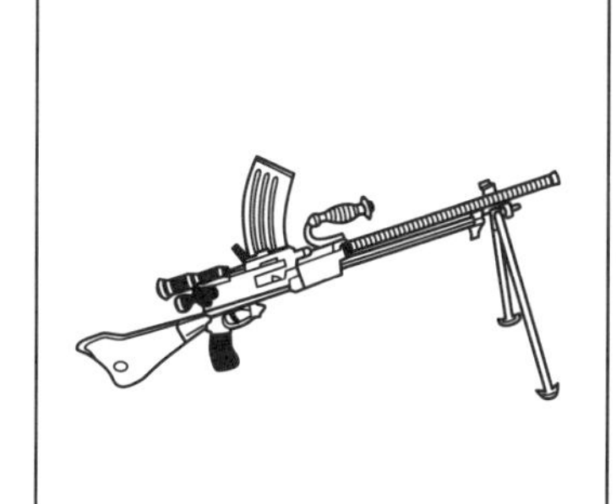

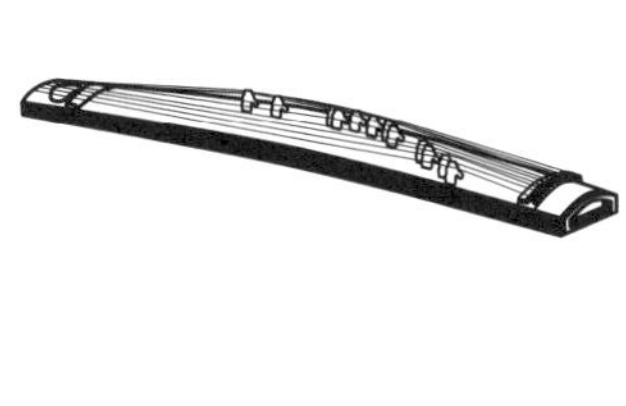

これは、**琴**です。

これは、**親指**です。

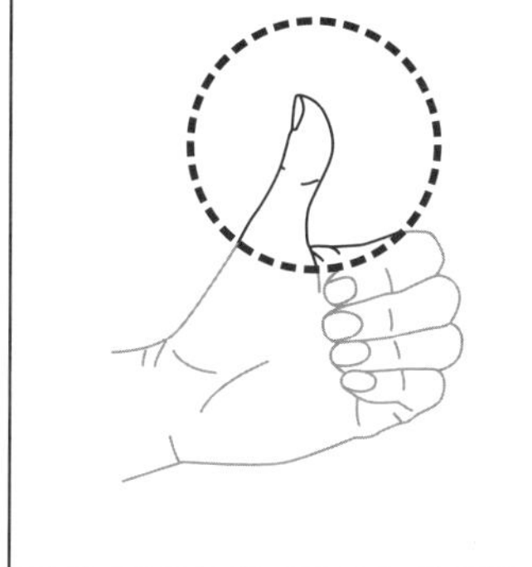

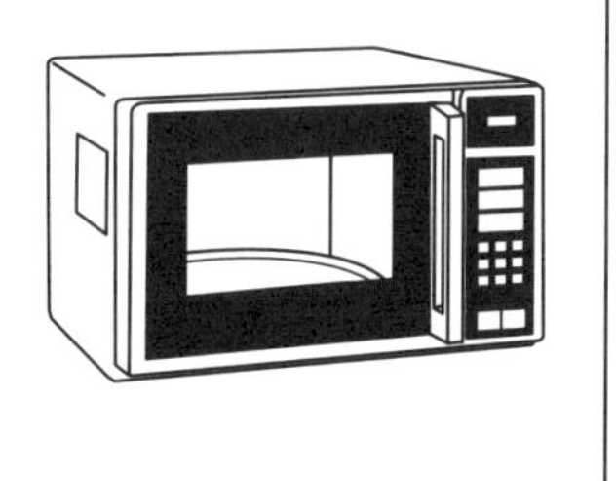

これは、**電子レンジ**です。

この中に、**楽器**があります。それは何ですか?	**琴**ですね。
この中に、**電気製品**があります。それは何ですか?	**電子レンジ**ですね。
この中に、**戦いの武器**があります。それは何ですか?	**機関銃**ですね。
この中に、**体の一部**があります。それは何ですか?	**親指**ですね。

実際の検査では、だいたい1分たったら2セット目にうつるので、ご家庭で行う場合は、1分たったら覚えるのをやめ、2セット目にうつってください。

イラストの記憶（2セット目）

4つの絵を、ヒントを手がかりにだいたい1分で覚えてください。

これは、**セミ**です。

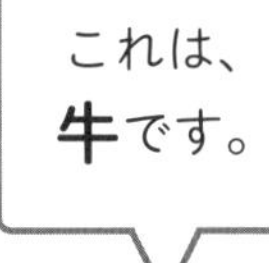

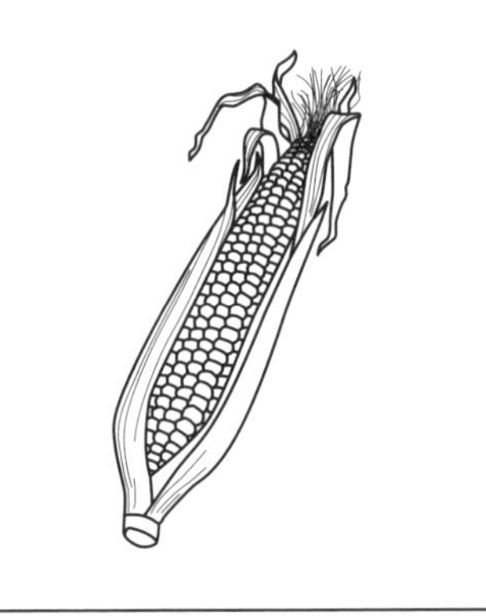

これは、**ナベ**です。

ヒント

この中に、**動物**がいます。それは何ですか？　**牛**ですね。
この中に、**台所用品**があります。それは何ですか？　**ナベ**ですね。
この中に、**昆虫**がいます。それは何ですか？　**セミ**ですね。
この中に、**野菜**があります。それは何ですか？　**トウモロコシ**ですね。

実際の検査では、だいたい１分たったら３セット目にうつるので、ご家庭で行う場合は、１分たったら覚えるのをやめ、３セット目にうつってください。

イラストの記憶（3セット目）

次のページにうつります。

4つの絵を、ヒントを手がかりにだいたい1分で覚えてください。

これは、**はさみ**です。

これは、**トラック**です。

これは、**メロン**です。

これは、**ドレス**です。

この中に、**衣類**があります。それは何ですか？ **ドレス**ですね。
この中に、**文房具**があります。それは何ですか？ **はさみ**ですね。
この中に、**果物**があります。それは何ですか？ **メロン**ですね。
この中に、**乗り物**があります。それは何ですか？ **トラック**ですね。

実際の検査では、だいたい1分たったら4セット目にうつるので、ご家庭で行う場合は、1分たったら覚えるのをやめ、4セット目にうつってください。

イラストの記憶（4セット目）

4つの絵を、ヒントを手がかりにだいたい1分で覚えてください。

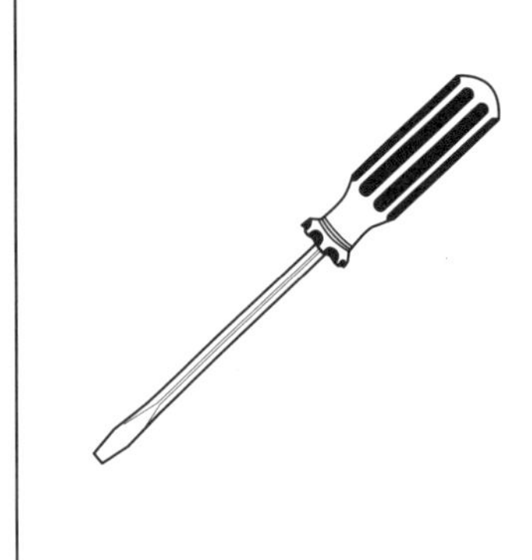

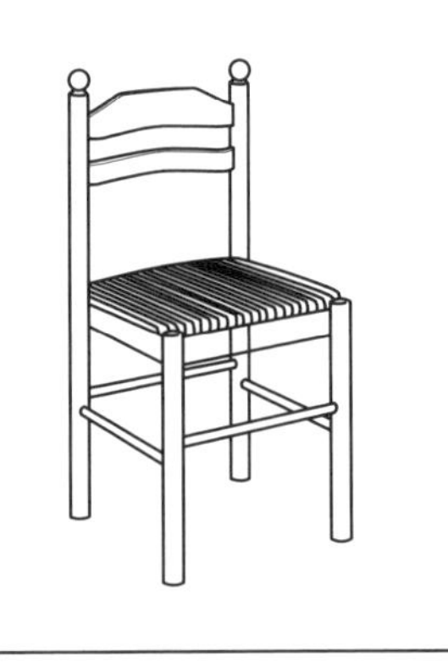

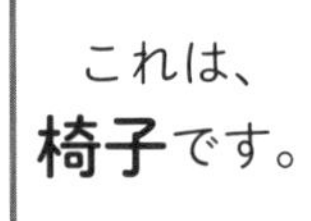

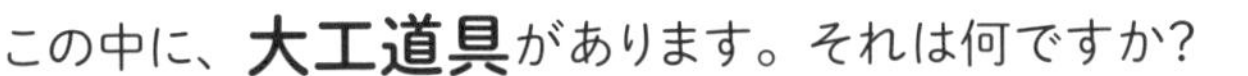

この中に、**大工道具**があります。それは何ですか？　**ドライバー**ですね。
この中に、**花**があります。それは何ですか？　**チューリップ**ですね。
この中に、**鳥**がいます。それは何ですか？　**クジャク**ですね。
この中に、**家具**があります。それは何ですか？　**椅子**ですね。

だいたい1分たったら、覚える絵はおしまいです。あとで何の絵があったのかを答えてもらいますので、よく覚えておいてください。

2 介入課題（指定された数字を消していく）

指定された数字に斜線を引く問題です。
数字は２度、指示があります。
なお、この課題は採点されません。

問題用紙 1

　これから、たくさん数字が書かれた表が出ますので、私が指示をした数字に斜線を引いてもらいます。
　例えば、「1 と 4」に斜線を引いてくださいと言ったときは、

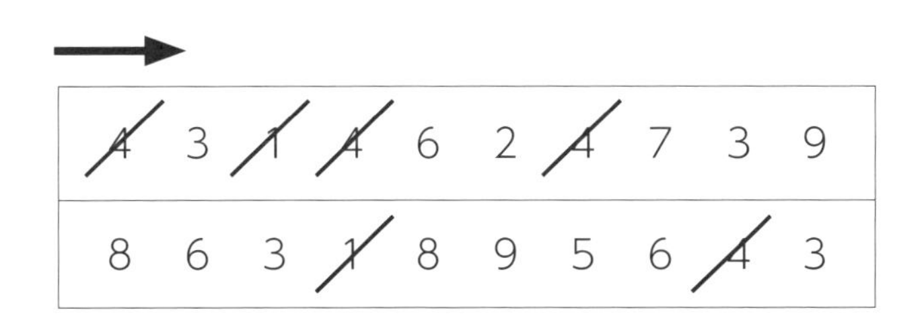

4	3	1	4	6	2	4	7	3	9
8	6	3	1	8	9	5	6	4	3

と例示のように順番に、見つけただけ斜線を引いてください。

※指示があるまでめくらないでください。

ご家庭で行う場合は、次ページへ進み「回答用紙1」を始めてください。

❶ 「５と９」に斜線を引いてください。
（30秒で回答）

回答時間
指示があってから
30秒
（1・2回目ともに）

回答用紙 1

→

9	3	2	7	5	4	2	4	1	3
3	4	5	2	1	2	7	2	4	6
6	5	2	7	9	6	1	3	4	2
4	6	1	4	3	8	2	6	9	3
2	5	4	5	1	3	7	9	6	8
2	6	5	9	6	8	4	7	1	3
4	1	8	2	4	6	7	1	3	9
9	4	1	6	2	3	2	7	9	5
1	3	7	8	5	6	2	9	8	4
2	5	6	9	1	3	7	4	5	8

※指示があるまでめくらないでください。

❷ 続きまして、同じ用紙に、はじめから「３と６と８」に斜線を引いてください。
（30秒で回答）

ご家庭で行う場合は、回答終了後、「問題用紙２」に進んでください。

3 自由回答（先ほど見た16の絵の名称をヒントなしで答える）

数字を消す問題の前に見せられた絵を答える問題です。記憶をたどって、何の絵があったのかを思い出してみましょう。

問題用紙 2

少し前に、何枚かの絵をお見せしました。

何が描かれていたのかを思い出して、できるだけ全部書いてください。

※指示があるまでめくらないでください。

ご家庭で行う場合は、次ページへ進み「回答用紙２」を始めてください。

回答時間 3分

回答用紙 2

1.	9.
2.	10.
3.	11.
4.	12.
5.	13.
6.	14.
7.	15.
8.	16.

※指示があるまでめくらないでください。

ご家庭で行う場合は、3分たったら記入をやめて、「問題用紙3」に進んでください。

- 回答の順序は問いません。思い出した順で結構です。
- 「漢字」でも「カタカナ」でも「ひらがな」でもかまいません。
- 間違えた場合は、二重線を引いて訂正してくださいね。

4 手がかり回答（先ほど見た16の絵の名称をヒントを手がかりに答える）

絵の名前を答えるのは「自由回答」と同じですが、今度はヒントを手がかりに、何の絵があったのかを思い出してみましょう。

問題用紙 3

今度は回答用紙に、ヒントが書いてあります。

それを手がかりに、もう一度、何が描かれていたのかを思い出して、できるだけ全部書いてください。

※指示があるまでめくらないでください。

ご家庭で行う場合は、次ページへ進み「回答用紙3」を始めてください。

回答時間 3分

回答用紙 3

1．戦いの武器	9．文房具
2．楽器	10．乗り物
3．体の一部	11．果物
4．電気製品	12．衣類
5．昆虫	13．鳥
6．動物	14．花
7．野菜	15．大工道具
8．台所用品	16．家具

※指示があるまでめくらないでください。

ご家庭で行う場合は、3分たったら記入をやめて、「問題用紙4」に進んでください。

●「漢字」でも「カタカナ」でも「ひらがな」でもかまいません。

●間違えた場合は、二重線を引いて訂正してくださいね。

問題
2

時間の見当識

検査が行われる年月日、曜日、時刻を回答する問題です。
問題用紙の問題を読み、回答用紙に記入します。

問　題　用　紙　4

この検査には、5つの質問があります。

左側に質問が書いてありますので、それぞれの質問に対する答を右側の回答欄に記入してください。

答が分からない場合には、自信がなくても良いので思ったとおりに記入してください。空欄とならないようにしてください。

※指示があるまでめくらないでください。

ご家庭で行う場合は、次ページへ進み「回答用紙4」に記入してください。

回答時間 2分

回答用紙 4

以下の質問にお答えください。

質問	回答
今年は何年ですか？	年
今月は何月ですか？	月
今日は何日ですか？	日
今日は何曜日ですか？	曜日
今は何時何分ですか？	時　分

よくわからない場合でも、できるだけ何らかの答えを記入してください。ご家庭で行う場合は、2分たったら記入をやめてください。これで認知機能検査は終了です。

認知機能検査 第2回 テスト解答一覧

自由回答【解答一覧】

回答用紙 2

1.	機関銃	9.	はさみ
2.	琴	10.	トラック
3.	親指	11.	メロン
4.	電子レンジ	12.	ドレス
5.	セミ	13.	クジャク
6.	牛	14.	チューリップ
7.	トウモロコシ	15.	ドライバー
8.	ナベ	16.	椅子

※指示があるまでめくらないでください。

手がかり回答【解答一覧】

回答用紙 3

1.	戦いの武器 機関銃	9.	文房具 はさみ
2.	楽器 琴	10.	乗り物 トラック
3.	体の一部 親指	11.	果物 メロン
4.	電気製品 電子レンジ	12.	衣類 ドレス
5.	昆虫 セミ	13.	鳥 クジャク
6.	動物 牛	14.	花 チューリップ
7.	野菜 トウモロコシ	15.	大工道具 ドライバー
8.	台所用品 ナベ	16.	家具 椅子

※指示があるまでめくらないでください。

カンタン採点表

72～73ページのSTEP 1～5を読んで回答用紙2・3に○をつけていきましょう。

STEP 6 回答用紙2（STEP 2）で正解した数（○をつけたところ）を数えて得点を出しましょう

2点（配点） × □（正解数） ＝ 計 A □（得点） 点

STEP 7 回答用紙3（STEP 5）で正解した数（○をつけたところ）を数えて得点を出しましょう

1点（配点） × □（正解数） ＝ 計 B □（得点） 点

STEP 8 AとBを合計しましょう

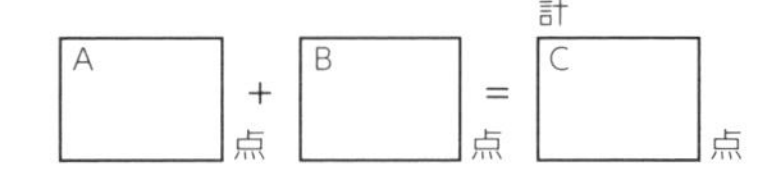

A □ 点 ＋ B □ 点 ＝ 計 C □ 点

STEP 9 時間の見当識を採点しましょう

質問	配点	得点
何年	5点	
何月	4点	
何日	3点	
何曜日	2点	
何時何分	1点	
合計点		

計 D □ 点

STEP 10 STEP8、STEP9の点数に指数をかけて総合点を出しましょう

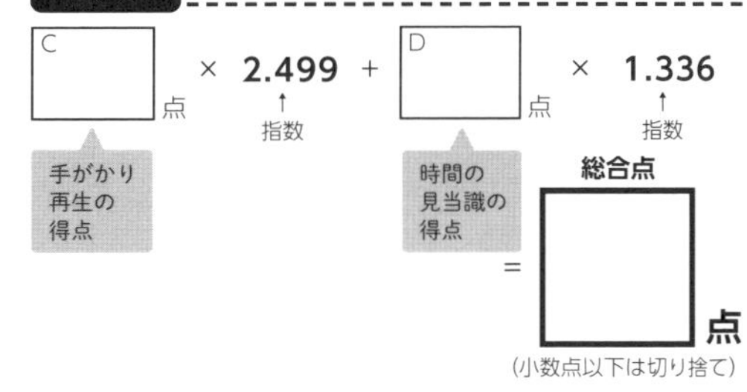

・「手がかり再生（介入課題）」の問題は採点しませんので、答えは割愛します。
・「時間の見当識」の問題はテストを行った年月日、曜日、時刻で採点してください。

第3回 テスト

問題 1

手がかり再生

手がかり再生は、16の絵を順次見て、あとで答える検査です。絵を見てから答える間に、指定の数字に斜線を引く「介入課題」があります。

1 イラストの記憶

まず、白黒の絵を４枚１セットで約１分見ます。これを４セット行い、合計16枚の絵を覚えます。

これから、いくつかの絵を見せます。
一度に４つの絵を見せます。それが何度か続きます。あとで、何の絵があったかを、すべて答えていただきます。よく覚えてください。

絵を覚えるためのヒントも出します。
ヒントを手がかりに覚えるようにしてください。

今回は**パターンD**の絵です。

絵は手元に問題用紙として配られるのではなく、画面に映したり、検査員が絵の描かれた紙などを持ったりします。

イラストの記憶（1セット目）

まず、1セット目です。4つの絵が描かれています。検査員が、それぞれの絵の名前とヒントを口頭で以下のように話します。

4つの絵を、ヒントを手がかりにだいたい1分で覚えてください。

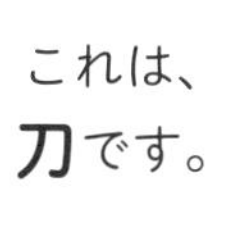

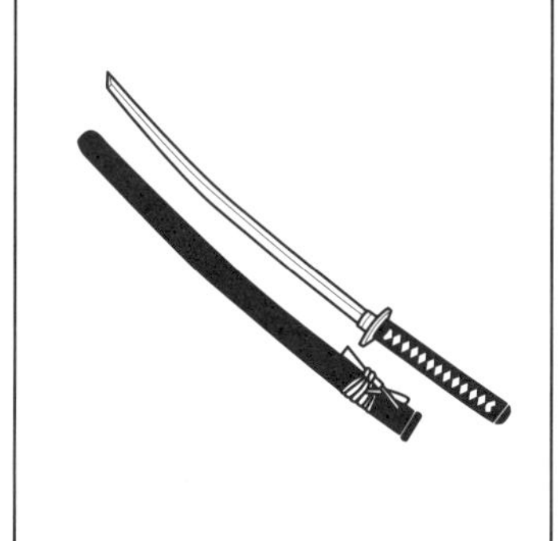

これは、
足です。

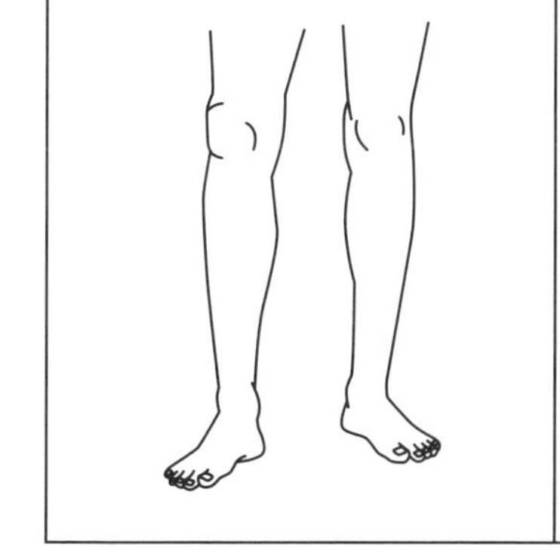

この中に、**電気製品**があります。それは何ですか?	**テレビ**ですね。
この中に、**戦いの武器**があります。それは何ですか?	**刀**ですね。
この中に、**楽器**があります。それは何ですか?	**アコーディオン**ですね。
この中に、**体の一部**があります。それは何ですか?	**足**ですね。

実際の検査では、だいたい1分たったら2セット目にうつるので、ご家庭で行う場合は、1分たったら覚えるのをやめ、2セット目にうつってください。

イラストの記憶（２セット目）

4つの絵を、ヒントを手がかりにだいたい1分で覚えてください。

これは、**カブトムシ**です。

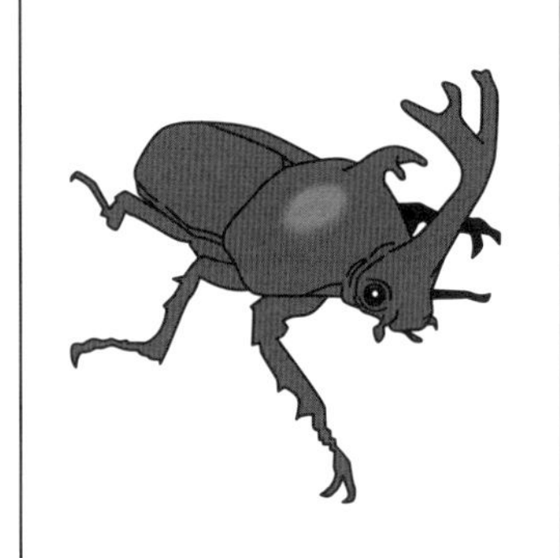

これは、**馬**です。

これは、**カボチャ**です。

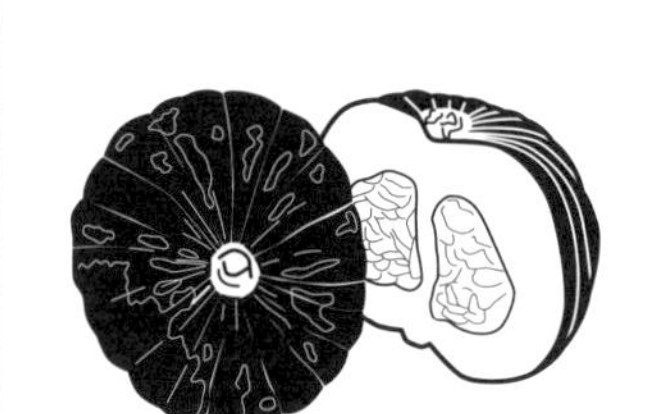

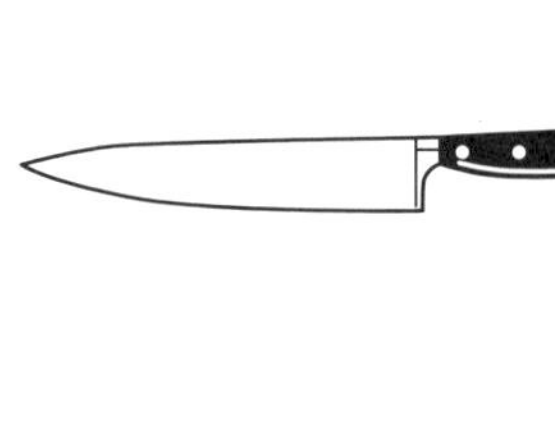

これは、**包丁**です。

この中に、**台所用品**があります。それは何ですか？ **包丁**ですね。
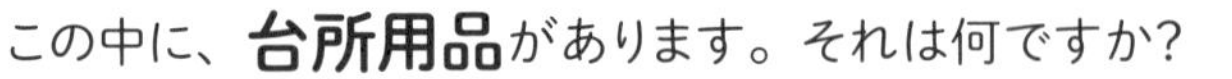
この中に、**野菜**があります。それは何ですか？ **カボチャ**ですね。
この中に、**昆虫**がいます。それは何ですか？ **カブトムシ**ですね。
この中に、**動物**がいます。それは何ですか？ **馬**ですね。

実際の検査では、だいたい１分たったら３セット目にうつるので、ご家庭で行う場合は、１分たったら覚えるのをやめ、３セット目にうつってください。

イラストの記憶（3セット目）

次のページにうつります。

4つの絵を、ヒントを手がかりにだいたい1分で覚えてください。

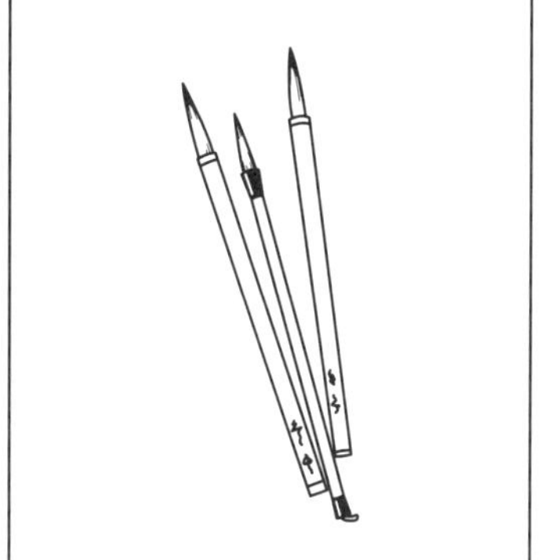

これは、**筆**です。

これは、**ヘリコプター**です。

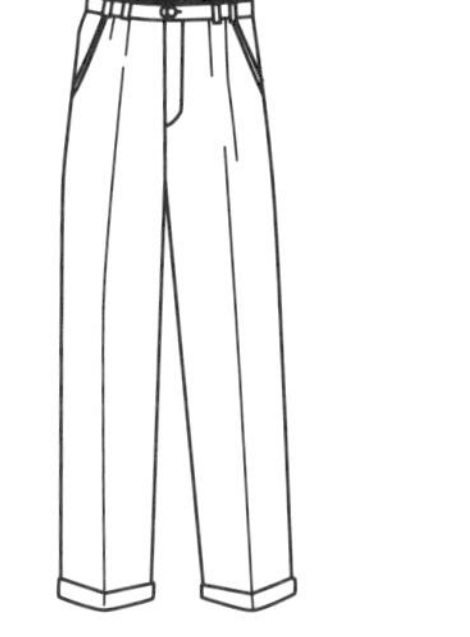

これは、**パイナップル**です。

これは、**ズボン**です。

ヒント

この中に、**文房具**があります。それは何ですか？　**筆**ですね。
この中に、**衣類**があります。それは何ですか？　**ズボン**ですね。
この中に、**果物**があります。それは何ですか？　**パイナップル**ですね。
この中に、**乗り物**があります。それは何ですか？　**ヘリコプター**ですね。

実際の検査では、だいたい1分たったら4セット目にうつるので、ご家庭で行う場合は、1分たったら覚えるのをやめ、4セット目にうつってください。

イラストの記憶（4セット目）

4つの絵を、ヒントを手がかりにだいたい1分で覚えてください。

これは、**スズメ**です。

これは、**ノコギリ**です。

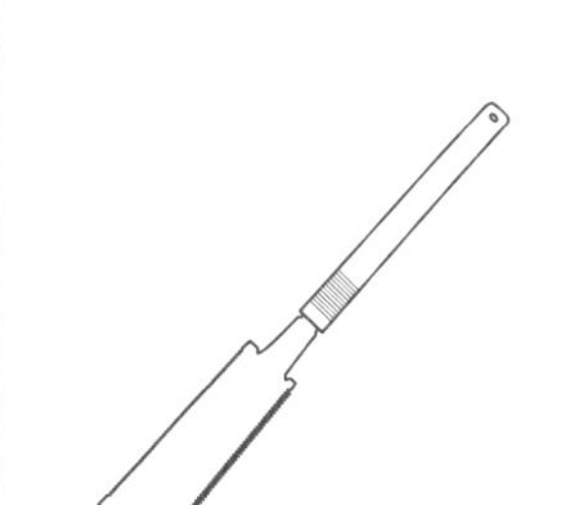

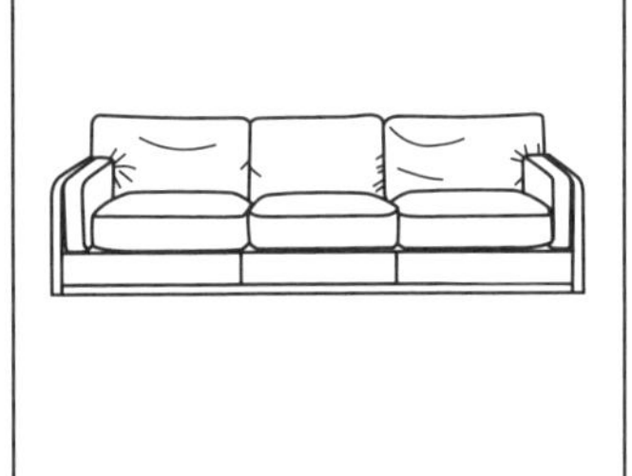

この中に、**鳥**がいます。それは何ですか？　**スズメ**ですね。
この中に、**花**があります。それは何ですか？　**ヒマワリ**ですね。
この中に、**家具**があります。それは何ですか？　**ソファー**ですね。
この中に、**大工道具**があります。それは何ですか？　**ノコギリ**ですね。

だいたい1分たったら、覚える絵はおしまいです。あとで何の絵があったのかを答えてもらいますので、よく覚えておいてください。

2 介入課題（指定された数字を消していく）

指定された数字に斜線を引く問題です。
数字は２度、指示があります。
なお、この課題は採点されません。

問題用紙 1

これから、たくさん数字が書かれた表が出ますので、私が指示をした数字に斜線を引いてもらいます。

例えば、「1 と 4」に斜線を引いてくださいと言ったときは、

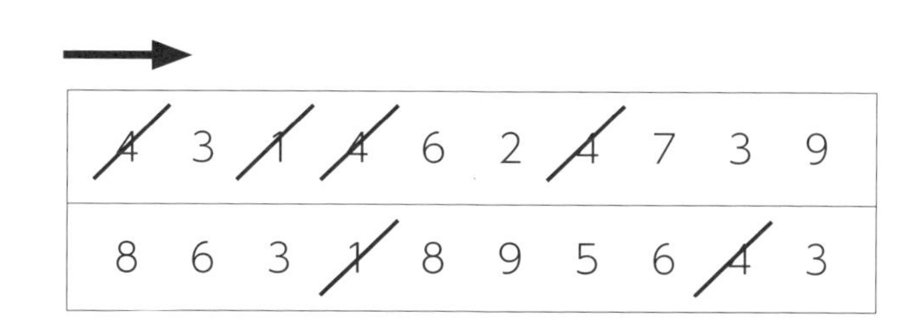

4	3	1	4	6	2	4	7	3	9
8	6	3	1	8	9	5	6	4	3

と例示のように順番に、見つけただけ斜線を引いてください。

※指示があるまでめくらないでください。

ご家庭で行う場合は、次ページへ進み「回答用紙1」を始めてください。

1 「4と8」に斜線を引いてください。
（30秒で回答）

回答時間
指示があってから
30秒
（1・2回目ともに）

回答用紙 1

→

9	3	2	7	5	4	2	4	1	3
3	4	5	2	1	2	7	2	4	6
6	5	2	7	9	6	1	3	4	2
4	6	1	4	3	8	2	6	9	3
2	5	4	5	1	3	7	9	6	8
2	6	5	9	6	8	4	7	1	3
4	1	8	2	4	6	7	1	3	9
9	4	1	6	2	3	2	7	9	5
1	3	7	8	5	6	2	9	8	4
2	5	6	9	1	3	7	4	5	8

※指示があるまでめくらないでください。

続きまして、同じ用紙に、はじめから
「1と7と9」に斜線を引いてください。
（30秒で回答）

ご家庭で行う場合は、回答終了後、
「問題用紙2」に進んでください。

3 自由回答（先ほど見た16の絵の名称をヒントなしで答える）

数字を消す問題の前に見せられた絵を答える問題です。記憶をたどって、何の絵があったのかを思い出してみましょう。

問題用紙 2

少し前に、何枚かの絵をお見せしました。

何が描かれていたのかを思い出して、できるだけ全部書いてください。

※指示があるまでめくらないでください。

ご家庭で行う場合は、次ページへ進み「回答用紙２」を始めてください。

回答時間 3分

回答用紙 2

1.	9.
2.	10.
3.	11.
4.	12.
5.	13.
6.	14.
7.	15.
8.	16.

※指示があるまでめくらないでください。

ご家庭で行う場合は、3分たったら記入をやめて、「問題用紙3」に進んでください。

- 回答の順序は問いません。思い出した順で結構です。
- 「漢字」でも「カタカナ」でも「ひらがな」でもかまいません。
- 間違えた場合は、二重線を引いて訂正してくださいね。

4 手がかり回答
（先ほど見た16の絵の名称をヒントを手がかりに答える）

絵の名前を答えるのは「自由回答」と同じですが、今度はヒントを手がかりに、何の絵があったのかを思い出してみましょう。

問題用紙 3

今度は回答用紙に、ヒントが書いてあります。

それを手がかりに、もう一度、何が描かれていたのかを思い出して、できるだけ全部書いてください。

※指示があるまでめくらないでください。

ご家庭で行う場合は、次ページへ進み「回答用紙３」を始めてください。

回答用紙 3

1．戦いの武器	9．文房具
2．楽器	10．乗り物
3．体の一部	11．果物
4．電気製品	12．衣類
5．昆虫	13．鳥
6．動物	14．花
7．野菜	15．大工道具
8．台所用品	16．家具

※指示があるまでめくらないでください。

ご家庭で行う場合は、3分たったら記入をやめて、「問題用紙4」に進んでください。

- 「漢字」でも「カタカナ」でも「ひらがな」でもかまいません。
- 間違えた場合は、二重線を引いて訂正してくださいね。

問題 2

時間の見当識

検査が行われる年月日、曜日、時刻を回答する問題です。
問題用紙の問題を読み、回答用紙に記入します。

問　題　用　紙　4

この検査には、5つの質問があります。

左側に質問が書いてありますので、それぞれの質問に対する答を右側の回答欄に記入してください。

答が分からない場合には、自信がなくても良いので思ったとおりに記入してください。空欄とならないようにしてください。

※指示があるまでめくらないでください。

ご家庭で行う場合は、次ページへ進み「回答用紙４」に記入してください。

回答時間 2分

回答用紙 4

以下の質問にお答えください。

質問	回答
今年は何年ですか？	年
今月は何月ですか？	月
今日は何日ですか？	日
今日は何曜日ですか？	曜日
今は何時何分ですか？	時　　分

よくわからない場合でも、できるだけ何らかの答えを記入してください。ご家庭で行う場合は、2分たったら記入をやめてください。これで認知機能検査は終了です。

認知機能検査 第3回 テスト 解答一覧

自由回答【解答一覧】

回答用紙 2

1. 刀	9. 筆
2. アコーディオン	10. ヘリコプター
3. 足	11. パイナップル
4. テレビ	12. ズボン
5. カブトムシ	13. スズメ
6. 馬	14. ヒマワリ
7. カボチャ	15. ノコギリ
8. 包丁	16. ソファー

※指示があるまでめくらないでください。

手がかり回答【解答一覧】

回答用紙 3

1. 戦いの武器 刀	9. 文房具 筆
2. 楽器 アコーディオン	10. 乗り物 ヘリコプター
3. 体の一部 足	11. 果物 パイナップル
4. 電気製品 テレビ	12. 衣類 ズボン
5. 昆虫 カブトムシ	13. 鳥 スズメ
6. 動物 馬	14. 花 ヒマワリ
7. 野菜 カボチャ	15. 大工道具 ノコギリ
8. 台所用品 包丁	16. 家具 ソファー

※指示があるまでめくらないでください。

カンタン採点表

72～73ページのSTEP 1～5を読んで回答用紙2・3に○をつけていきましょう。

STEP 6 回答用紙2（STEP2）で正解した数（○をつけたところ）を数えて得点を出しましょう

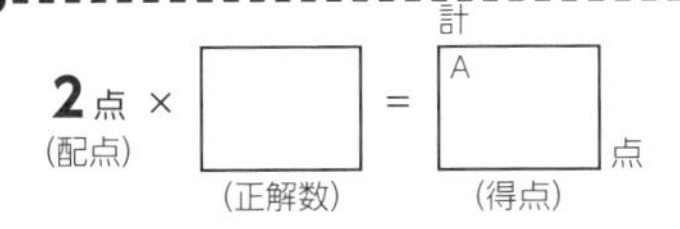

STEP 7 回答用紙3（STEP5）で正解した数（○をつけたところ）を数えて得点を出しましょう

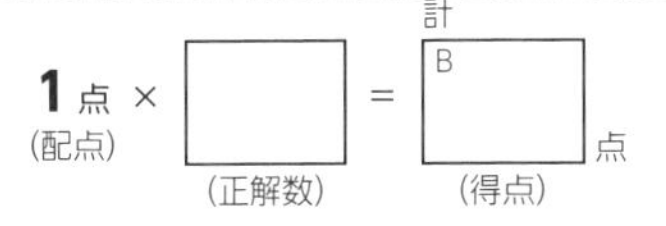

STEP 8 AとBを合計しましょう

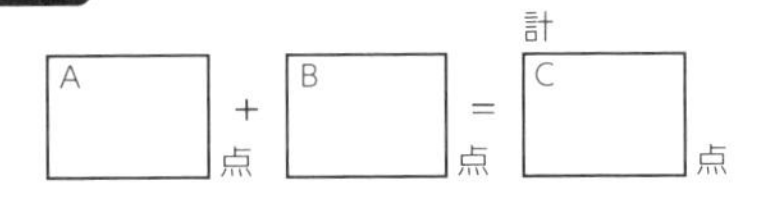

STEP 9 時間の見当識を採点しましょう

質問	配点	得点
何年	5点	
何月	4点	
何日	3点	
何曜日	2点	
何時何分	1点	
合計点		

計 D 点

STEP 10 STEP8、STEP9の点数に指数をかけて総合点を出しましょう

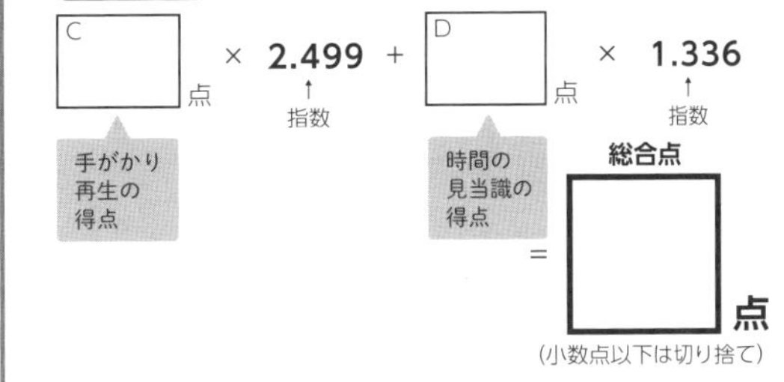

・「手がかり再生（介入課題）」の問題は採点しませんので、答えは割愛します。
・「時間の見当識」の問題はテストを行った年月日、曜日、時刻で採点してください。

サポートカー（サポカー）限定免許制度

▶ サポートカーに限って運転することができる制度

この制度は、運転に不安を感じる方に対して運転免許証の自主返納だけでなく、**より安全なサポートカーに限定して運転を継続できる**という、新たな選択肢を設ける趣旨の制度です。

サポートカー限定条件（各自で条件を付与できるもの）の申請は、運転免許の更新手続とあわせて行うこともできます。申請にあたり、年齢の制限はありません。

ご家族の運転に不安を感じていらっしゃる方も、ご本人との免許継続のお話し合いの際の選択肢の一つとして、この制度を検討してみてはいかがでしょうか。

サポートカー限定免許とは？

高齢運転者を中心に、交通事故防止対策として先進安全技術を搭載した「サポートカーに限り運転することができる」運転免許です。

申請方法 ➡P126	運転できる車	対象の車
サポートカー限定免許の申請は、いつでも行うことができます。	安全運転を支援する置装 ●衝突被害軽減ブレーキ* *対車両、対歩行者 ●ペダル踏み間違い時加速抑制装置	サポートカー限定免許の対象車両リストは、警察庁ウェブサイトで確認することができます。
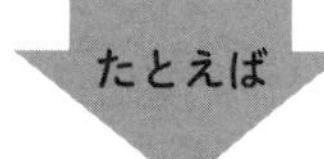 		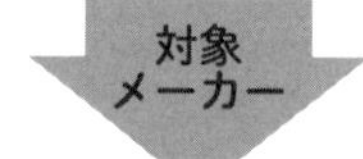
運転免許の更新や再交付の際にあわせて行うことが可能です。 ※サポートカー限定条件が付与されると、サポートカー以外は運転することができなくなります。	このような機能が搭載され、サポートカー限定免許の対象車両リストに掲載されているサポートカーを運転することができます。なお、後付けの装置については対象となりません。	●スズキ ●日産 ●スバル ●ホンダ ●ダイハツ ●マツダ ●トヨタ ●三菱 ●ボルボ （令和5年12月末現在）

先進安全技術は、あくまでも安全運転の支援であり、機能には限界があります。

※サポートカーに搭載されている先進安全技術は、交通事故の防止や被害の軽減には役立ちますが、機能には限界があります。機能を過信することなく、安全運転に努めましょう。

サポートカー（サポカー）の限定条件

サポートカー限定条件を付与することができる運転免許の種類は、普通免許に限られます。普通免許より上位（大型二種、中型二種、普通二種、大型、8トン限定を含む中型、5トン限定を含む準中型）の運転免許をお持ちの方は、上位免許を全部取り消す必要があります。また、サポートカー限定条件が付与されると、運転できる自動車はサポートカー（普通自動車）のみとなり、それ以外の自動車を運転してはいけません。

サポートカー限定免許で運転できる車両の装置

サポートカー限定免許では、**次の機能が搭載された自動車に限り運転することができます**。後付けの装置は対象になりません。

下記のような装置が付いているのがサポートカーです

1	**レーダーなどで車や歩行者を事前に察知する「衝突被害軽減ブレーキ（対車両、対歩行者）」** 車載レーダー等により前方の車両や歩行者を検知する。衝突の可能性がある場合には、運転者に対して警告し、さらに衝突の可能性が高い場合は、自動でブレーキが作動する 
2	**ペダルの踏み間違いを防ぐ「ペダル踏み間違い時加速抑制装置」** 発進時やごく低速での走行時にブレーキペダルと間違えてアクセルペダルを踏み込んだ場合に、エンジン出力を抑える方法により加速を抑制する機能 

サポートカー（サポカー）限定免許の申請方法

サポートカー（サポカー）限定免許は、各運転免許試験場か一部の警察署で申請することができます。

下のどの場合も、申請には運転免許証が必要ですので忘れないようにお持ちくださいね。

対象		手数料
普通免許のみをお持ちの方 あわせて大型特殊二種、大型特殊、二輪、原付、小型特殊、けん引二種、けん引免許の保有者も含む		**無料** （更新とあわせて行う場合は更新手数料がかかります）
普通自動車を運転できる免許をお持ちの方 大型二種、中型二種、普通二種、大型、中型、準中型免許（中型8トン限定や準中型5トン限定の限定免許も含む）を保有しているが、普通免許を保有していない方		**交付手数料として 2050円** （申出により複数の種類の運転免許を受ける場合は併記手数料が必要です）
普通免許のほか普通自動車を運転できる免許をお持ちの方 大型二種、中型二種、普通二種、大型、中型、準中型免許（中型8トン限定や準中型5トン限定の限定免許も含む）を保有している方		**無料**

※運転免許証の更新と同時にサポートカー限定条件の申請を行う方は、各講習区分に基づく更新場所（各運転免許試験場、各運転免許更新センターおよび指定警察署）で手続をすることが可能です。

運転免許証の自主返納

運転免許証の自主返納制度は、主に「高齢のため運転が不安」という方が運転免許証を自主的に返納できる制度です。免許返納後は、「運転経歴証明書」の交付を受けることができます。運転経歴証明書は、公的な身分証明書として使えるだけでなく、所持していればバスやタクシーなどの乗車運賃割引など、さまざまな特典があります（詳細は「高齢運転者支援サイト」のホームページを参照）。

高齢運転者支援サイト　http://www.zensiren.or.jp/kourei/
※運転免許証の自主返納の相談は、各都道府県の警察にお願いします。

運転免許証を返納する方

※申請用写真は、都道府県や申請場所によって持参が必要かが異なります。

だれが	どこに	必要なもの
運転免許証の有効期間内に原則として本人	**運転免許試験場（運転免許センター）または警察署**	**運転免許証、印鑑（一部の都道府県）** ※手数料なし

運転経歴証明書を申請する方

※免許証返納後５年以内なら申請可能

だれが	どこに	必要なもの
運転免許証の有効期間内に原則として本人	**運転免許試験場（運転免許センター）または警察署**	**運転経歴証明書交付申請書（運転免許試験場または警察署にあります）、手数料（1,100円）、印鑑（一部の都道府県）、申請用写真（タテ3.0㎝×ヨコ2.4㎝、申請前6か月以内に撮影したもので無帽、正面、上三分身、無背景）**

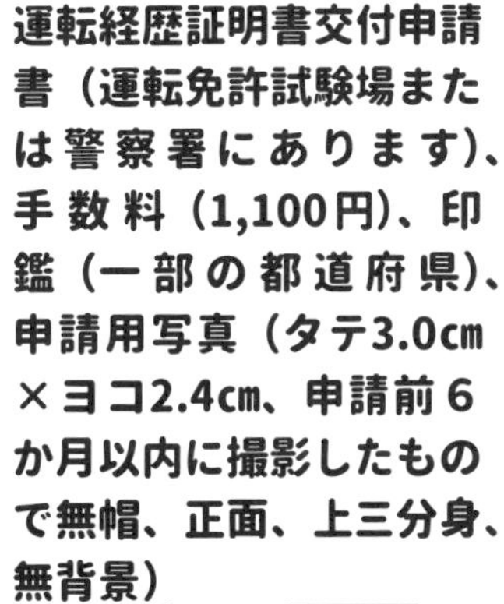

本書に関する正誤等の最新情報は、下記のアドレスで確認することができます。
https://www.seibidoshuppan.co.jp/info/menkyo-ninchikinou2402

上記URLに記載されていない箇所で正誤についてお気づきの場合は、書名・発行日・質問事項・ページ数・氏名・郵便番号・住所（またはFAX番号）を明記の上、**郵送**または**FAX**で**成美堂出版**までお問い合わせください。
※ **電話でのお問い合わせはお受けできません。**
※本書の正誤に関するご質問以外にはお答えできません。また受検指導などは行っておりません。
※ご質問の到着確認後、10日前後で回答を普通郵便またはFAXで発送いたします。

●著者
長　信一（ちょう　しんいち）
1962年、東京都生まれ。1983年、都内の自動車教習所に入所。1986年、運転免許証の全種類を完全取得。指導員として多数の合格者を送り出すかたわら、所長代理を歴任。現在、「自動車運転免許研究所」の所長として、書籍や雑誌の執筆を中心に活躍中。
『フリガナつき！ 普通免許ラクラク合格問題集』『いきなり合格！ 普通免許テキスト＆速攻問題集』『完全合格！ 普通免許2000問実戦問題集』『1回で合格！ 第二種免許完全攻略問題集』（いずれも弊社刊）など、著書は200冊を超える。

●イラスト　風間 康志・木野本由美・小林裕美子
● DTP　酒井由香里
●編集協力　ノーム（間瀬 直道）
●企画・編集　成美堂出版編集部（原田 洋介・芳賀 篤史）

※本書掲載の手数料は警視庁HPによるものです。一部の教習所で行う高齢者講習と運転技能検査の料金は受ける教習所により異なりますので、詳細は各教習所にお問い合わせください。

※紙方式、タブレット方式の様子のイラストは一例です。会場の事情により、検査会場の様子、端末などの装備が異なることがあります。

らくらく合格! 運転免許 認知機能検査 このまま出る問題集
2024年3月20日発行
著　者　長 信一（ちょう しんいち）
発行者　深見公子
発行所　成美堂出版
〒162-8445　東京都新宿区新小川町1-7
電話(03)5206-8151　FAX(03)5206-8159
印　刷　TOPPAN株式会社

ISBN978-4-415-33383-0
落丁･乱丁などの不良本はお取り替えします
定価はカバーに表示してあります